만화로 배우는 양자역학과 상대성이론
QUANTUM
퀀텀

퀀텀

초판 1쇄 발행 2020년 2월 25일
초판 9쇄 발행 2025년 5월 2일

글·그림 로랑 셰페르 / **옮긴이** 이정은

펴낸이 조기흠
총괄 이수동 / **책임편집** 최진 / **기획편집** 박의성, 유지윤, 이지은 / **감수** 과포화된 과학드립 물리학 연구회
마케팅 박태규, 임은희, 김예인, 김선영 / **제작** 박성우, 김정우
교정교열 책과이음 / **디자인** 이슬기

펴낸곳 한빛비즈(주) / **주소** 서울시 서대문구 연희로2길 62 4층
전화 02-325-5506 / **팩스** 02-326-1566
등록 2008년 1월 14일 제 25100-2017-000062호
ISBN 979-11-5784-389-3 03420

이 책에 대한 의견이나 오탈자 및 잘못된 내용은 출판사 홈페이지나 아래 이메일로 알려주십시오.
파본은 구매처에서 교환하실 수 있습니다. 책값은 뒤표지에 표시되어 있습니다.

🏠 hanbitbiz.com ✉ hanbitbiz@hanbit.co.kr facebook.com/hanbitbiz
 post.naver.com/hanbit_biz youtube.com/한빛비즈 instagram.com/hanbitbiz

Quantix. La physique quantique et la relativité en BD, by Laurent SCHAFER
© Dunod Editeur, 2019, Malakoff
All rights reserved.
Korean Translation Copyright © Hanbit Biz, inc., 2020
Korean language translation rights arranged through Milkwood Agency, South Korea.

이 책의 한국어판 저작권은 밀크우드 에이전시를 통한 저작권자와의 독점 계약으로 한빛비즈(주)에 있습니다.
저작권법에 의해 보호를 받는 저작물이므로 무단 복제 및 무단 전재를 금합니다.

지금 하지 않으면 할 수 없는 일이 있습니다.
책으로 펴내고 싶은 아이디어나 원고를 메일(hanbitbiz@hanbit.co.kr)로 보내주세요.
한빛비즈는 여러분의 소중한 경험과 지식을 기다리고 있습니다.

만화로 배우는 양자역학과 상대성이론 교양툰

QUANTUM
퀀텀

로랑 셰페르 글·그림 | 이정은 옮김 | 과포화된 과학드립 물리학 연구회 감수

한빛비즈
Hanbit Biz, Inc.

차례

	이 책을 읽기 전에	007
들어가는 말	어렴풋한 현실	009
제 1 장	탄력적인 시간	013
제 2 장	세상은 어떻게 이상해졌나	029
제 3 장	힘은 우리 안에 있다	035
제 4 장	구부러진 우주	045
제 5 장	비어 있는 세계	061
제 6 장	자연은 부조리한가	081
제 7 장	과거가 미래에 좌우될 때	103
제 8 장	공간은 존재하는가	117
에 필 로 그	푸딩 속의 흐릿한 구름	137
	용어 설명	153
	감사의 말	169
	참고문헌	170

이 책을 읽기 전에

대부분의 사람들이 아예 또는 거의 모르는 사실이지만, 1세기도 더 전에 과학자들은 존재할 수 없는 나무들이 자라는 이상한 대륙을 발견했습니다. 이 대륙에서는 사과가 반드시 아래로 떨어지는 건 아니지요. 가끔은 공기 중에 떠다니고, 뒤틀리고, 겹쳐지고, 예측할 수 없는 장소에 멈춰 있습니다. 사과 주위로 흐르는 시간은 멈추거나 더 빨리 갈 수도 있지요. 게다가 이 사과는 거의 빈 공간으로 이루어져 있습니다.

가끔은 사과가 아래로 떨어지지 않기도 하는 이 세상… 이곳은 바로 우리가 사는 세상입니다. 우주는 우리가 보는 그대로가 아닙니다. 감각은 우리를 속이지요. 이 책은 우리를 닮은 몇몇 지구인의 일상을 통해 이 세상에 감추어진 놀라운 현실을 설명합니다. 불안정한 시간과 공간, 비어 있는 질량, 예측 불가능한 양자가 지배하는 현실 말이죠. 유머와 과학 대중화를 결합한 과학 입문 산책이라고 할까요?

대중화란 종합과 단순화를 뜻하기도 합니다. 위에 그려진 사과는 과연 붉은색이고 둥글까요? 우리는 아마도 그렇다고 말할 겁니다. 하지만 또 어떤 사람은 이 사과가 둥글거나 붉은색이라고 말하는 게 적절하지 않다고 생각하겠지요. 이와 마찬가지로, 어떤 물리학자들이 종합적인 정신으로 사고해서 '시간에서의 속도'나 '시계의 감속'을 말할 때, 다른 물리학자들은 이런 생각을 받아들이지 않습니다.

게다가 물리학처럼 실증적이고 객관적인 이른바 '경성' 과학에서도 가끔 서로 대립하는 생각의 흐름이 있습니다. 모든 과학 대중화 서적은 주관적인 선택과 선입견 없이 쓰일 수 없지요. 이 책은 참고서적과 논문을 근거로 만들어졌고, 저명한 과학자들의 검수를 받았습니다. 하지만 독자 여러분이 보기에 어떤 개념이 논란의 여지가 있다고 생각된다면, 주저하지 말고 다른 책이나 관점을 참조해서 여러분 자신만의 견해를 만들어가기를 권합니다. 그럼 즐거운 독서 하시기를 바랍니다!

들어가는 말

어렴풋한 현실

우리 눈으로 본 세상은 어림잡은 모습일 뿐이다.
그런데 이제 우리는 그 모습이 '근본적으로 부정확하다'는 사실을 안다.

– 브루스 로젠블룸과 프레드 커트너
(캘리포니아대학교 물리학자)

구름, 비, 태양. 이 정도가 우리의 수직적인 시야와 하늘, 그 너머의 방대함을 떠올릴 때 생각나는 전부죠.
우리는 소우주에 틀어박혀 무한히 큰 것과 무한히 작은 것 사이에서 살아갑니다.
카망베르 치즈가 투명한 덮개 속에서 숙성하는 것처럼요.
하지만 카망베르와 덮개와 우리는 모두 거대한 **전체**에 속하고, 과학으로 이 전체의 윤곽을 짐작해가고 있지요.
그것을 지배하는 법칙은 매혹적이고 놀랍고 이상야릇합니다.
그리고 평평한 바닥에서 살아가는 우리 역시 이 법칙을 따를 수밖에 없지요.

제1장

탄력적인 시간

"갑자기 시간이 흐물흐물해졌다. 마치 고무처럼."
– 댄 포크(과학 저술가)

하지만 여러분은 자전거를 타는 거랑 시공간이 무슨 상관이냐고 생각할지도 모릅니다.

시공간이라고 하면 아마 이런 이미지가 떠오를 겁니다.

시공간은 공상과학 소재이기에 앞서
우주의 가장 황당한 법칙 중 하나를 나타냅니다.
바로 **특수상대성**이죠.

천체의 변두리에 있는
한 행성을 예로 들어 설명해보겠습니다.

'즈그목스에 오신 것을 환영합니다!'
(시공간의 낯선 향기가 느껴지지 않나요?)

빛은 변함없이 초속 300,000km로 멀어져갑니다. 비행사가 초음속 우주선으로 빛을 쫓아가든, 자기 집 거실에 가만히 앉아서 빛을 바라보든 말이지요!

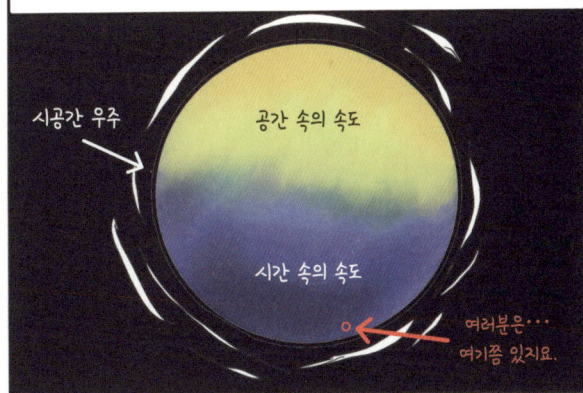

왜일까요? 시간과 공간은 하나의 전체를 이루기 때문입니다! 시공간 우주를 구 모양이라고 상상해봅시다. 노란색은 **공간 속의 속도**를 나타내고, 푸른색은 **시간 속의 속도**를 나타냅니다.

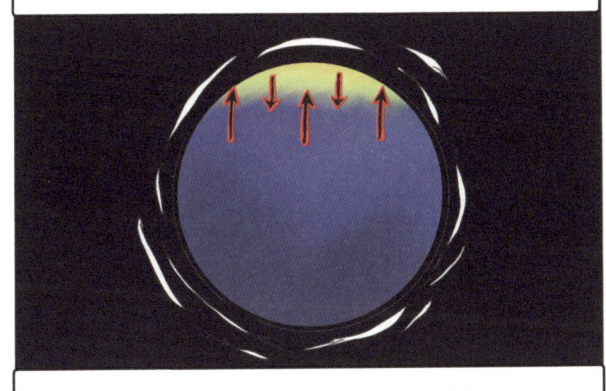

시간과 공간은 끊임없이 재구성됩니다. 어떤 물체가 시간이나 공간에서 속도가 줄면, 다른 쪽에서 속도가 늘지요!

구는 **공간과 시간에서 속도의 총합**입니다. 이 구 또는 총합은 절대 변치 않는 빛의 속도에 해당하지요. 그 속도는 항상 일정합니다.

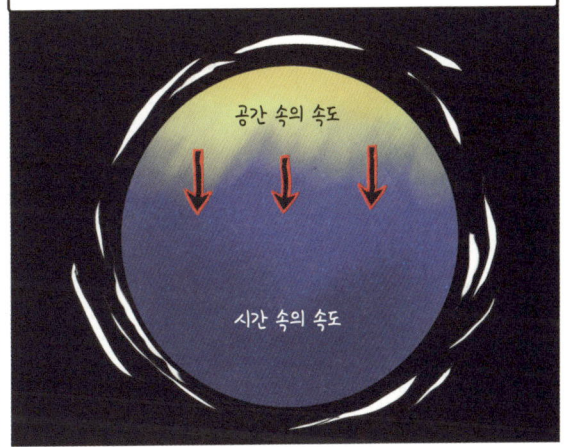

만일 이 물체의 속도가 공간에서 늘어나면, 시간에서는 줄어듭니다. 바깥에서 물체를 바라보는 사람의 시계는 물체의 시계보다 더 빠르게 갈 겁니다.

이 외부 관찰자는, 우주선이 공간에서 속도를 낼수록 우주선에서 시간이 점점 더 느리게 가는 걸 알겠죠. 또 우주선을 이루는 물질은 수축하고 관성질량이 늘어난다는 사실도 알게 될 겁니다.

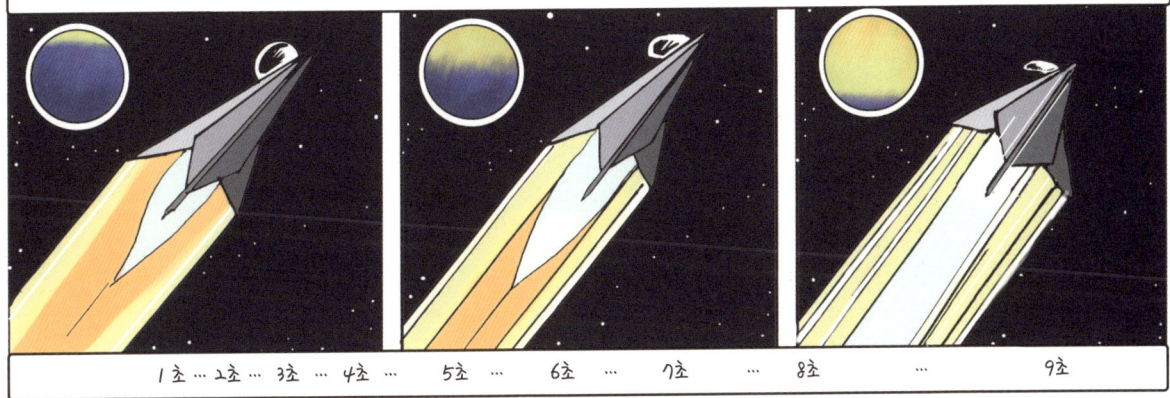

관제탑에서 초속 261,000km(빛의 속도의 87%)로 가는 우주선의 시계를 보면, 관찰자 시계의 절반 시각을 가리킬 겁니다.

달리 말하면, 관제탑에서 **2시간**이 갈 때, 우주선에서는 **1시간**만 흐른다는 거지요.

우주선이 빛의 속도의 98%에 이르면, 시간은 5배 느리게 갈 겁니다! 즉 **2시간**은 **24분**에 해당하겠죠.

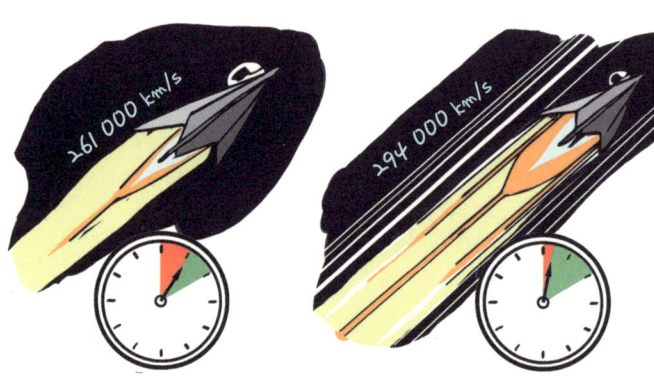

공간에서 얻은 영역은 시간에서 빼앗깁니다. 그러니 광선을 붙들려면 무한한 에너지와 무한한 시간이 필요하죠. 빛은 항상 일정하게 초속 300,000km로 멀어집니다. 일정하지 않은 건 바로 시간이죠!

*1나노초는 10억분의 1초—옮긴이.

시속 100km로 가는 자동차는 히치하이커가 찬 시계와 비교해서 0.0000041나노초 느리게 갑니다.

움직이는 모든 물체에서 시간의 속도는 줄어듭니다…

…멈춰 있는 물체에 비해서 말이죠.

우리는 모두 서로 다른 시간적 현실을 살아갑니다. 비유적인 표현이 아니라 실제로 그렇죠! 보편적인 시간은 없고, 모두 다른 사람과 비교해서 상대적인 자신만의 시계를 갖고 있지요.

1971년에 미국 과학자 두 사람이 최초로 특수상대성이론을 증명하려고 시도했습니다. 세슘 원자시계를 비행기에 싣고, 비행 중에 이 시계를 지상에 있는 시계와 비교했죠.

비행기의 시계가 확실히 몇 나노초 늦게 갔습니다!

인류가 시간의 불변성에서 해방되었음을 생중계로 측정한 거죠.

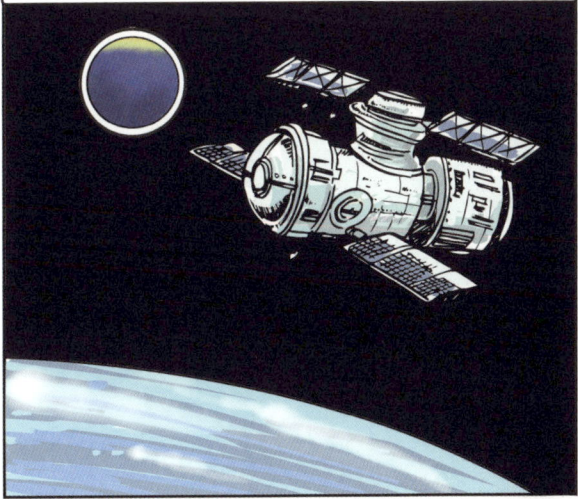

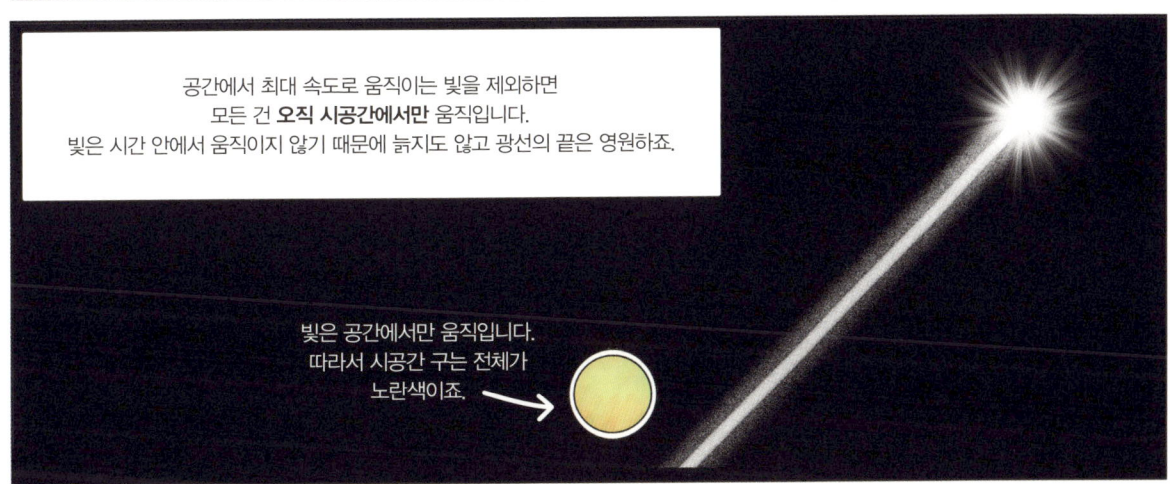

나이가 없는 빛은 알파이자 오메가와도 같습니다.
아마도 광선의 끝은 빅뱅에서부터 먼 미래에 이르기까지 시간의 시작과 끝을 경험했겠죠.
사실 시간이 흐른다는 자체가 환상일 수 있습니다. 이 얘기는 나중에 다시 할게요.

현실로 돌아와보죠.
공간과 시간의 기이한 관계를 처음 말한 사람은 바로 알베르트 아인슈타인입니다.
아무한테나 유명한 과학자 한 사람을 말해보라고 하면 이 사람을 댈 게 확실하죠.

제2장

세상은 어떻게 이상해졌나

"어느 이론에 따르면, 누군가 우주가 정확히 무엇에 쓰이는지, 또 왜 존재하는지 알아낸다면, 우주는 곧장 사라져버리고 그보다 더 이상하고 설명할 수 없는 것으로 교체될 거라고 한다…
또 다른 어느 이론에 따르면, 이런 일은 이미 벌어졌다."
– 더글러스 애덤스, 《은하수를 여행하는 히치하이커를 위한 안내서》

지금으로부터 1세기쯤 전, 지구상에서 인간이 가보지 않은 곳은 거의 없었습니다. 인류는 자연의 비밀을 밝혀냈다며 자축했죠. 인간은 자기만족에 취해서 세계를 측정해냈다고 생각했습니다.

이런 과학자 중 유명한 박물학자 앨런슨 브라이언은 1907년에 희귀한 새 검은마모를 찾아서 바다와 밀림을 건넜죠.

오, 멋진걸!!

그 이후로 검은마모를 본 사람은 아무도 없습니다.

미국 작가 빌 브라이슨은 이렇게 말했죠. 불행히도 앨런슨은 "생물에 가장 큰 관심을 가진 사람이 동시에 생물 멸종을 일으킨 장본인"이던 기이한 시대의 인물이었다고요.

확신이 흔들리는 것을 좋아하지 않던 시대였습니다.*
1892년에 젊은 과학자 외젠 뒤부아는 고생 끝에 이 사실을 깨달았죠.

뒤부아는 훗날 자바인이라고 불릴, 원숭이와 인간 사이의 입증되지 않은 중간 고리를 발견했습니다.
그는 네덜란드로 돌아가면 열렬히 환영받을 거라고 생각했죠.

*어떤 이는 지금도 거의 변한 게 없다고 주장합니다.

하지만 동료 고생물학자들의 반응은 시큰둥했죠.

뒤부아의 두개골은 기존의 그 어떤 분류체계에도 속하지 않았습니다. 이 발견을 무시할 만한 충분한 이유였죠.

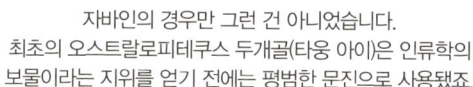

자바인은 이로부터 60년이 지나서야 '호모에렉투스'로 인정받습니다. 하지만 뒤부아는 이미 오래전에 백골이 되었죠.

자바인의 경우만 그런 건 아니었습니다. 최초의 오스트랄로피테쿠스 두개골(타웅 아이)은 인류학의 보물이라는 지위를 얻기 전에는 평범한 문진으로 사용됐죠.

1900년 즈음 과학계는 독단에 빠져 종종걸음을 쳤습니다. 과학자들은 세상의 모든 비밀을 밝혀냈다고 믿으며 고급 살롱에서 허무맹랑한 논의를 하고, 민족주의를 고취하고, 학술원들끼리 영예를 다투었죠.

이 광양자설로 아인슈타인은 미래 양자물리학 시조 중 한 사람이 됩니다. 그의 생각은 20년을 앞서갔죠. 당연하게도 1905년 당시에 그의 이론을 접한 과학계는 어리둥절했습니다.

그 기적의 해인 1905년 11월에 네 번째 논문이 발표됩니다. 질량과 에너지의 관계를 다룬 논문인데, 이는 온 시대를 통틀어 가장 유명해질 방정식으로 표현되죠.

이로부터 수십 년 후, 벌레 두 마리가 의도치 않게 이 방정식의 당사자가 됩니다. 이제 곧 운동학적 사건을 일으킬 파리 수지와 진드기 커트를 소개합니다.

질량과 에너지의 상관관계를 고민하기보다는 소순판*을 긁어대길 좋아하는 이 벌레들이 우리를 곧장 $E=mc^2$으로 안내해줄 겁니다.

*곤충의 등판 뒷부분에 있는 작은 방패 모양 판―옮긴이.

제3장

힘은 우리 안에 있다

"E=mc²은… 우리 모두가 아는 현실과는 다른 새로운 현실로 들어서는 입구를 나타내는 표지판이다."
- 크리스토프 갈파르(물리학자)

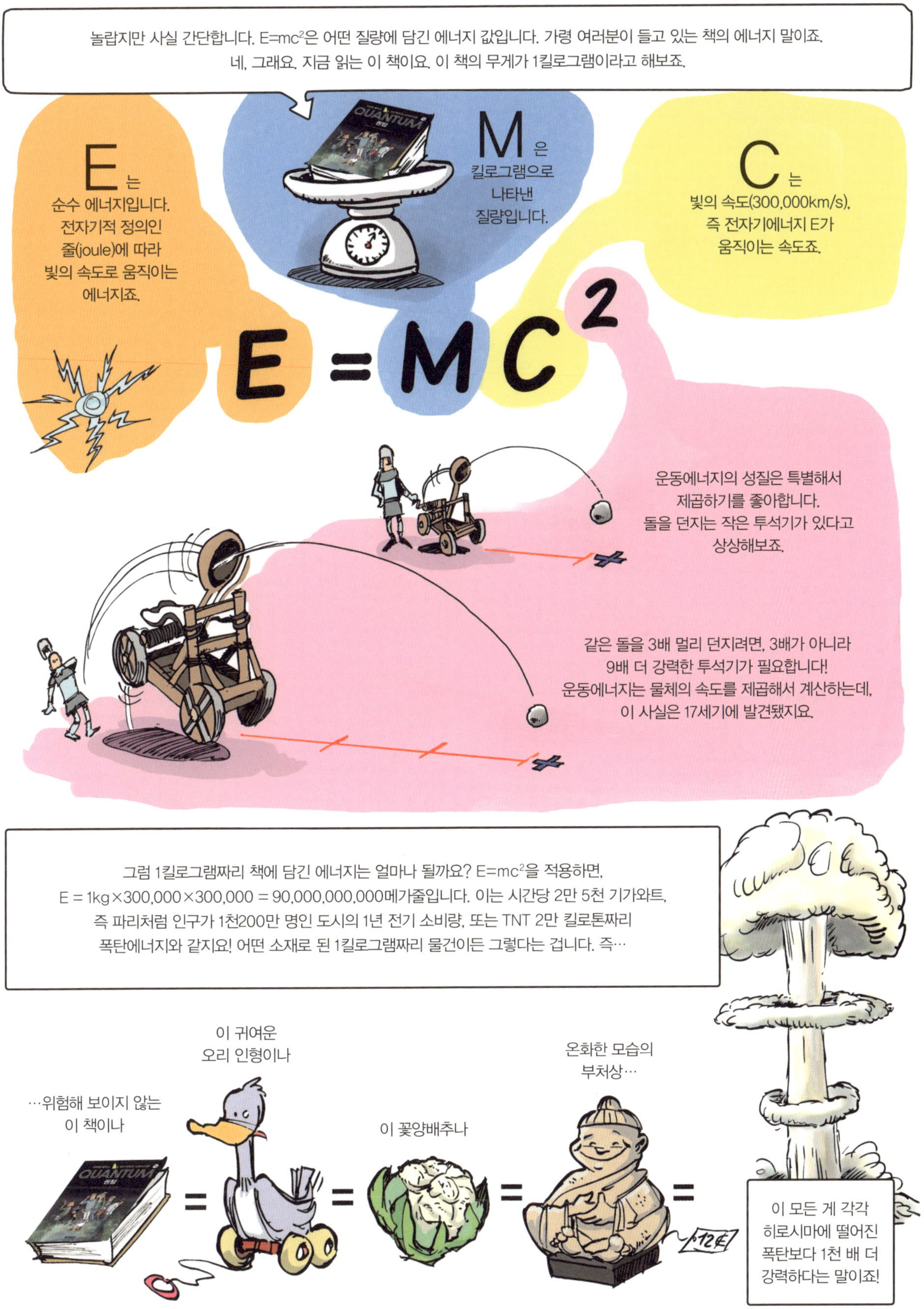

놀랍지만 사실 간단합니다. $E=mc^2$은 어떤 질량에 담긴 에너지 값입니다. 가령 여러분이 들고 있는 책의 에너지 말이죠. 네, 그래요. 지금 읽는 이 책이요. 이 책의 무게가 1킬로그램이라고 해보죠.

E는 순수 에너지입니다. 전자기적 정의인 줄(joule)에 따라 빛의 속도로 움직이는 에너지죠.

M은 킬로그램으로 나타낸 질량입니다.

C는 빛의 속도(300,000km/s), 즉 전자기에너지 E가 움직이는 속도죠.

$$E = MC^2$$

운동에너지의 성질은 특별해서 제곱하기를 좋아합니다. 돌을 던지는 작은 투석기가 있다고 상상해보죠.

같은 돌을 3배 멀리 던지려면, 3배가 아니라 9배 더 강력한 투석기가 필요합니다! 운동에너지는 물체의 속도를 제곱해서 계산하는데, 이 사실은 17세기에 발견됐지요.

그럼 1킬로그램짜리 책에 담긴 에너지는 얼마나 될까요? $E=mc^2$을 적용하면, E = 1kg×300,000×300,000 = 90,000,000,000메가줄입니다. 이는 시간당 2만 5천 기가와트, 즉 파리처럼 인구가 1천200만 명인 도시의 1년 전기 소비량, 또는 TNT 2만 킬로톤짜리 폭탄에너지와 같지요! 어떤 소재로 된 1킬로그램짜리 물건이든 그렇다는 겁니다. 즉…

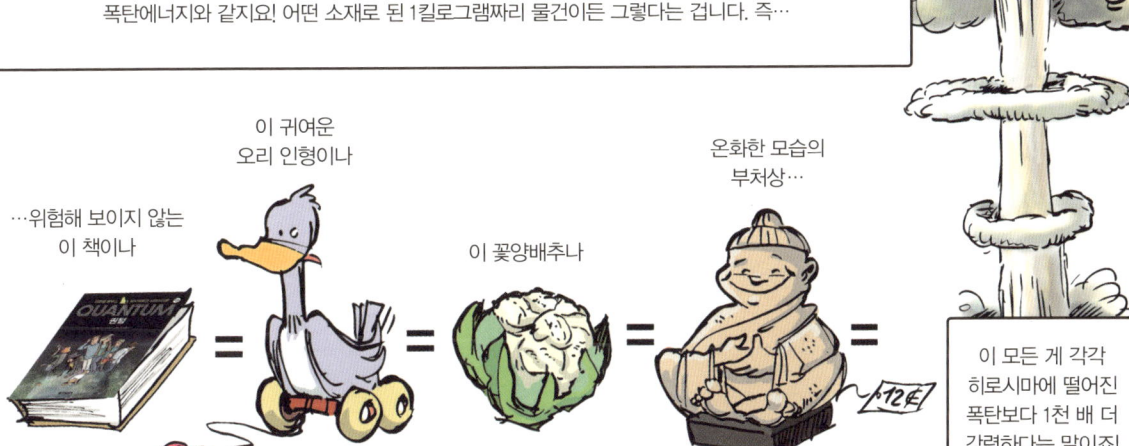

…위험해 보이지 않는 이 책이나

이 귀여운 오리 인형이나

이 꽃양배추나

온화한 모습의 부처상…

이 모든 게 각각 히로시마에 떨어진 폭탄보다 1천 배 더 강력하다는 말이죠!

이게 전부가 아닙니다!
수소 원자 2개를 가열해봅시다.

원자들은 1천500만 도쯤에서 하나로 합쳐집니다.

그럼 수소 원자 2개보다 조금 **더 가벼운** 헬륨 원자 하나가 만들어집니다.

두 원자가 융합하면서 손실된 질량 중 일부는 순수한 에너지로 바뀝니다.
정말 대단한 에너지죠!
이것이 바로 태양을 비롯해 우주라는 커다란 공장에서 사용하는 연료입니다.

물리학자에게 **열핵**융합은 마치 연금술사가 현자의 돌을 지닌 것과 비슷합니다. 성배인 셈이죠.
프랑스에서는 '인공 태양 프로젝트'로 불리는 토카막 국제핵융합실험로를 건설하고 있습니다. 이 프로젝트에는 한국도 참여하고 있지요.

도면에선 무척 간단해 보이는데!

제4장

구부러진 우주

"시공간은 안쪽으로 휘어 죽은 별 주위로 둥글게 말린 뒤 블랙홀 속으로 사라질 수 있습니다. 산타 할아버지의 뱃살처럼 떨리거나… 믹서 안에 있는 반죽처럼 소용돌이칠 수도 있죠."

- 데니스 오버비(과학 저술가)

아인슈타인의 특수상대성이론은 뉴턴 물리학과 모순됩니다. 중력이라는 필수 요소를 넣지 않았기 때문이죠.

도대체 중력은 어떻게 빛보다 더 빠르게 작용할 수 있을까요? 아인슈타인은 이 문제로 골머리를 앓았죠. 1915년, 마침내 그는 8년의 연구 끝에 일반상대성이론을 발표합니다. 직관과 수학이 이루어낸 업적이었죠. 만약에 아인슈타인이 일반상대성이론을 발견하지 못했다면, 우리는 아직도 이 이론을 기다려야 했을지 모릅니다.

일반상대성이론의 본질을 이해하기 위해서 시공간(빈 공간)에 광선과 운석이 지나가는 모습을 상상해보죠.

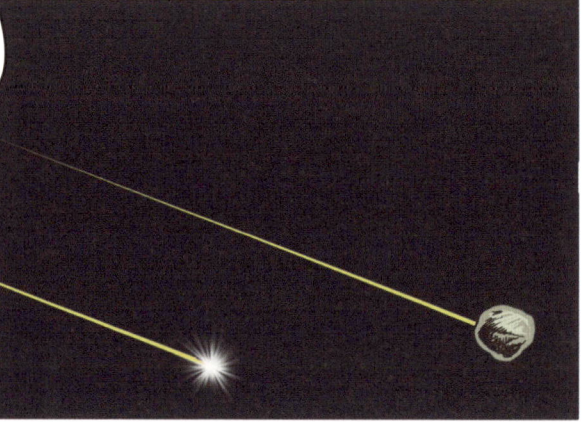

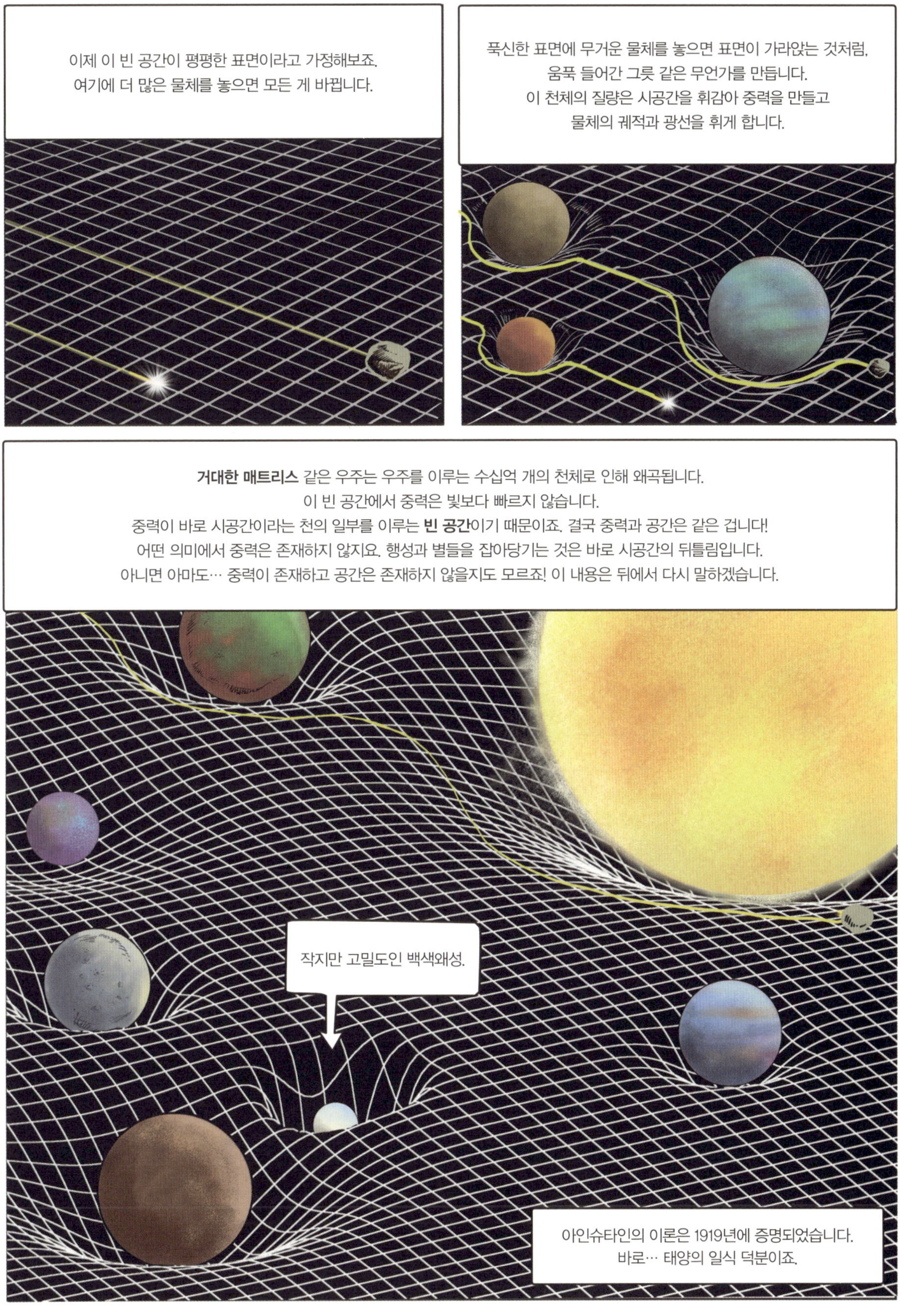

이제 이 빈 공간이 평평한 표면이라고 가정해보죠. 여기에 더 많은 물체를 놓으면 모든 게 바뀝니다.

푹신한 표면에 무거운 물체를 놓으면 표면이 가라앉는 것처럼, 움푹 들어간 그릇 같은 무언가를 만듭니다.
이 천체의 질량은 시공간을 휘감아 중력을 만들고 물체의 궤적과 광선을 휘게 합니다.

거대한 매트리스 같은 우주는 우주를 이루는 수십억 개의 천체로 인해 왜곡됩니다.
이 빈 공간에서 중력은 빛보다 빠르지 않습니다.
중력이 바로 시공간이라는 천의 일부를 이루는 **빈 공간**이기 때문이죠. 결국 중력과 공간은 같은 겁니다!
어떤 의미에서 중력은 존재하지 않지요. 행성과 별들을 잡아당기는 것은 바로 시공간의 뒤틀림입니다.
아니면 아마도… 중력이 존재하고 공간은 존재하지 않을지도 모르죠! 이 내용은 뒤에서 다시 말하겠습니다.

작지만 고밀도인 백색왜성.

아인슈타인의 이론은 1919년에 증명되었습니다.
바로… 태양의 일식 덕분이죠.

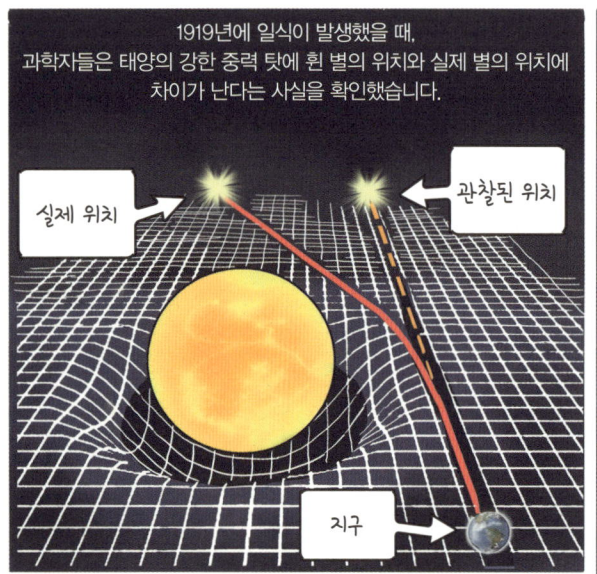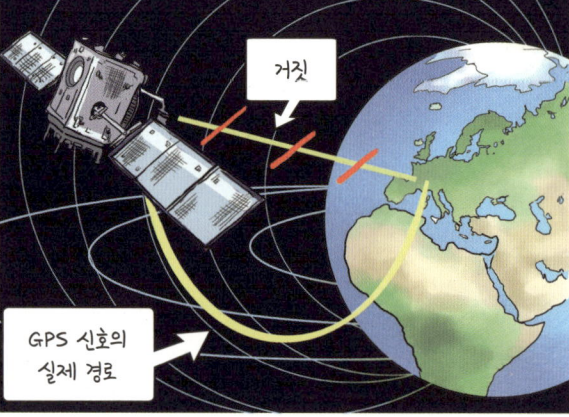

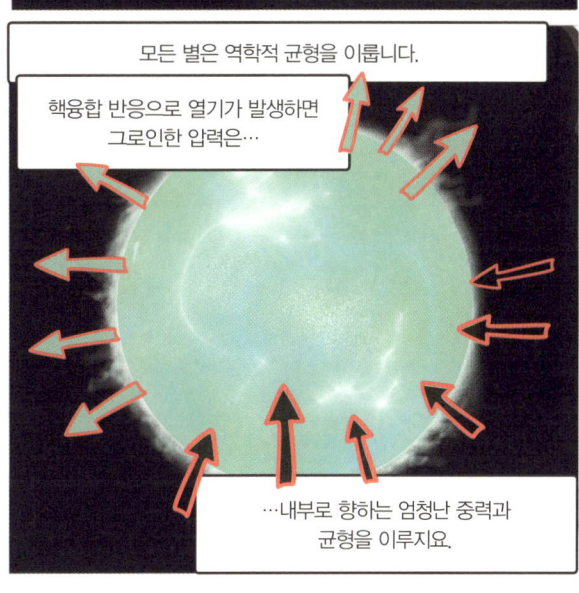
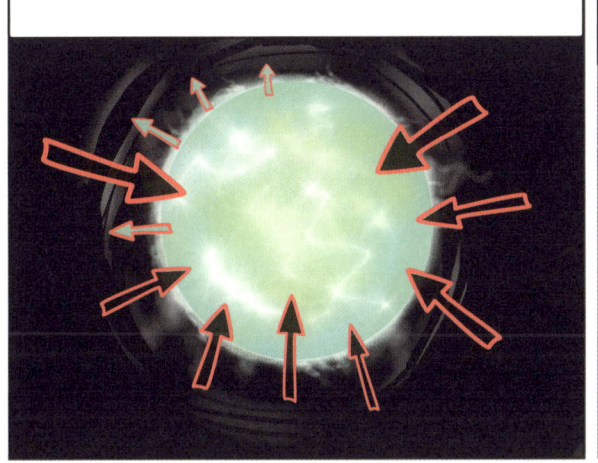
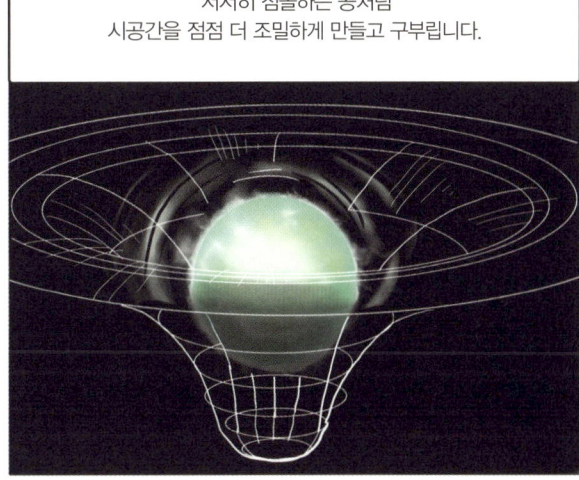

이 별은 백색왜성이나 중성자별 같은 초고밀도 별이 될 수 있습니다.

아주 무거운 별은 블랙홀로 바뀌죠. 아직도 논쟁 중인 고전 이론에 따르면, 이 별은 끝없는 우물을 만듭니다!

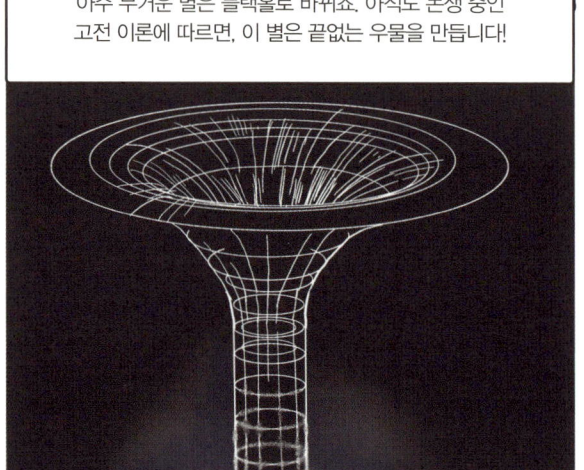

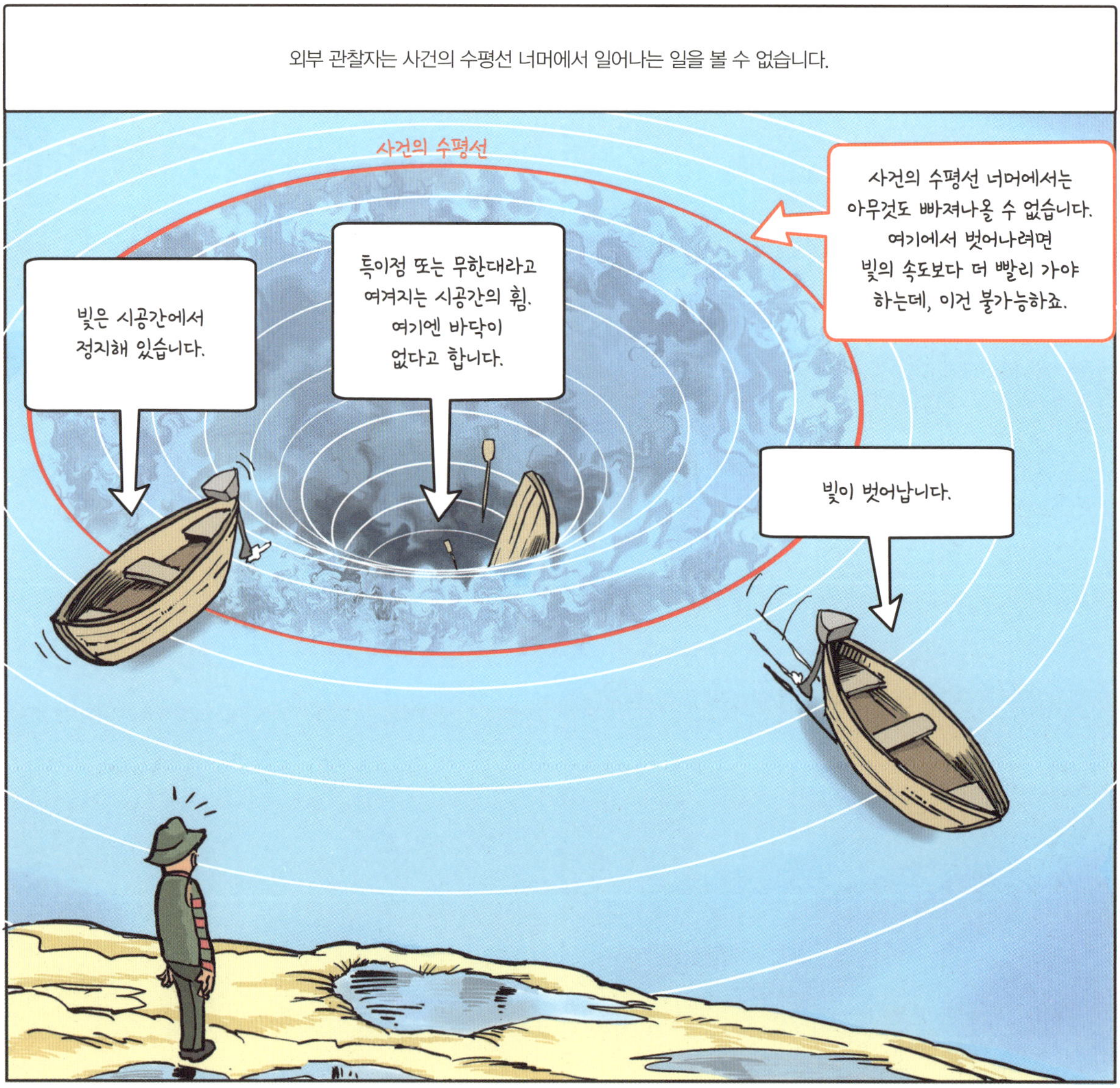

외부 관찰자는 사건의 수평선 너머에서 일어나는 일을 볼 수 없습니다.

사건의 수평선

빛은 시공간에서 정지해 있습니다.

특이점 또는 무한대라고 여겨지는 시공간의 힘. 여기엔 바닥이 없다고 합니다.

사건의 수평선 너머에서는 아무것도 빠져나올 수 없습니다. 여기에서 벗어나려면 빛의 속도보다 더 빨리 가야 하는데, 이건 불가능하죠.

빛이 벗어납니다.

더 크고 멋진 배 한 척을 구한 어부는 스티븐 호킹에게 함께 낚시를 하자고 했어요.
두 사람은 물고기를 아주 많이 잡았죠.
그리고 세상에서 둘도 없는 친구가 되었답니다!

제5장

비어 있는 세계

"다음에 체중을 잰다면, 체중은 대부분 빈 공간의 무게라는 사실을 기억하십시오."
- 레오나르드 믈로디노프(물리학자)

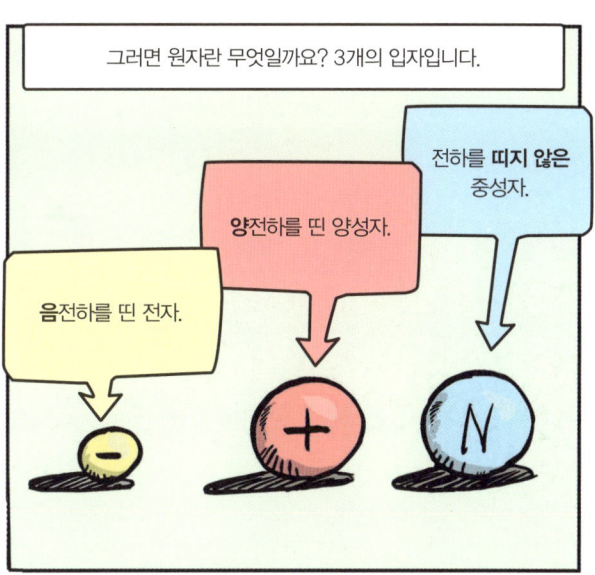
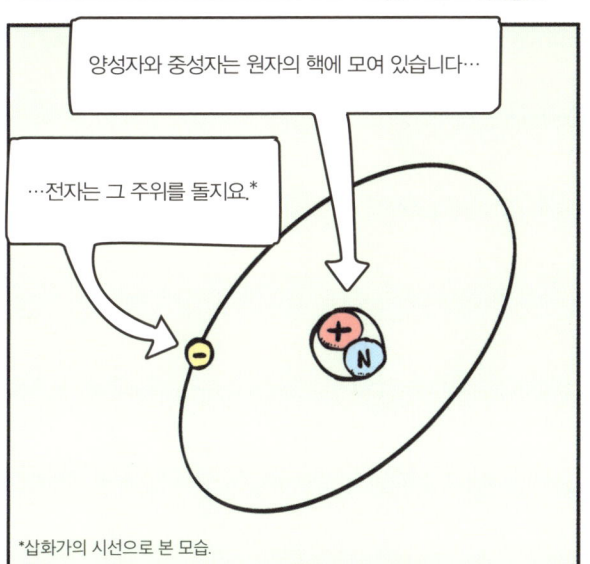
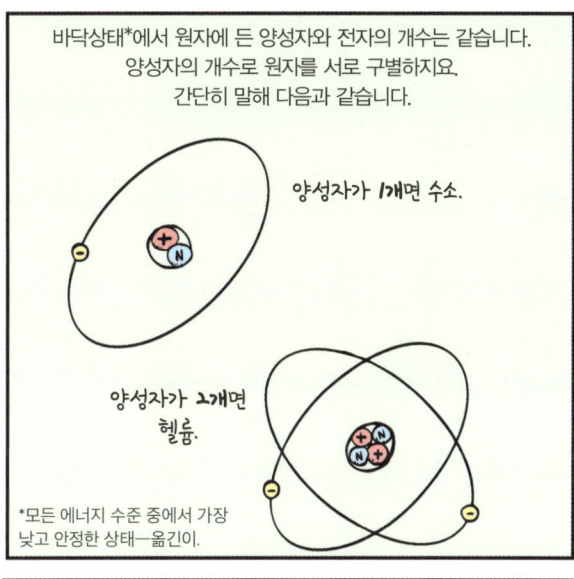
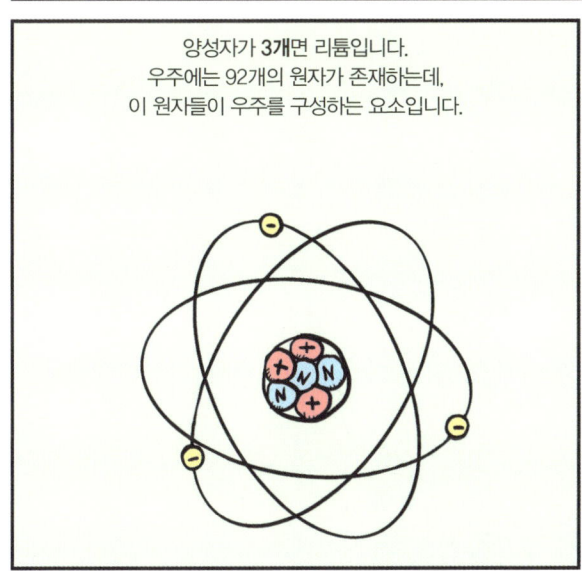
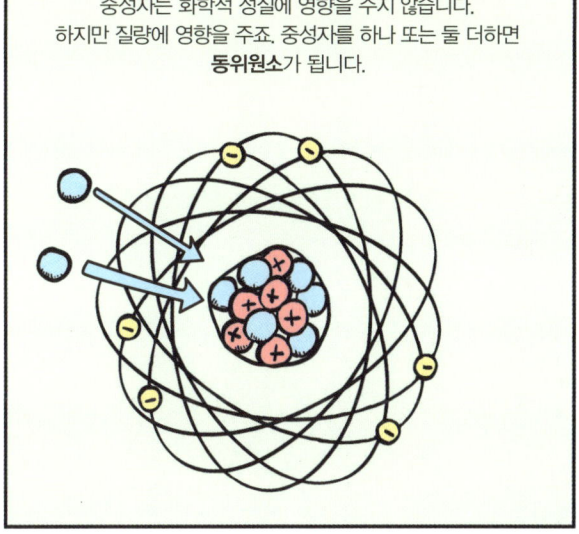

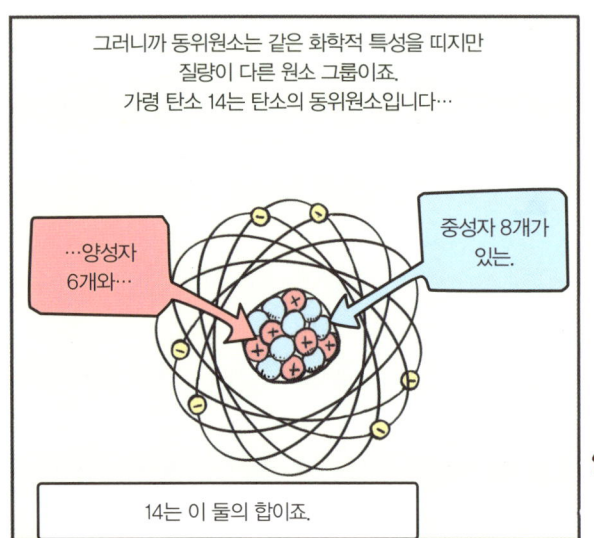

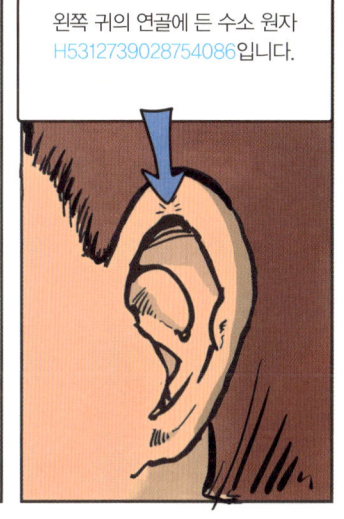

수소 원자 H5312739028754086(편의상 H53이라고 부르겠습니다)은 130억 년 이전에 생겼습니다.
끝없이 긴 이 원자의 생애에서 몇 가지 일화만 살펴보죠.

138억 9천830만 년 전

색색의 종잇조각을 잔뜩 담은 상자가 터지듯 **빅뱅**이 일어나 헬륨과 가장 가벼운 원소인 수소를 쏟아냈죠.
이 무수한 원소 중에 H53이 있습니다.
오늘날까지도 우주의 원자 10개 중 9개가 수소로 이루어져 있죠.
모두 빅뱅의 산물입니다.

H53은 여기!

115억 년 전

H53은 다른 꼬마 친구들과 함께 중력의 힘으로 **원시별**을 이룹니다.
탄소나 산소, 질소, 철 같은 (더 무거운) 새로운 원소를 융합하는 거대 공장이죠.
이게 별의 핵합성입니다.

75억 년 전

이 혜성은 안드로메다은하의 어느 행성에 떨어집니다.
8천 년 후, H53은 넓은 얼음 평원에 서식하는 독성 보조크의 몸을 이루죠.

80억 년 전

원시별이 붕괴합니다.
수소 원자 H53은 혜성에 붙은 얼음 형태로 자기 길을 갑니다.

보조크

15만 년 후, H53은 무덥고 울창해진 평원에 잔뜩 서식하는 어느 방귀쟁이 그룰프의 털을 이룹니다.

10억 년이 흘러, 가까운 별의 초신성 때문에 그룰프 행성은 파괴되죠.

원자 H53은 멀리, 아주 멀리 튕겨 나갑니다.

수십 년 뒤, 막쉬스 서커스. 광대 피프가 감기에 걸렸습니다.
8살인 딸 뤼스와 함께 그 옆을 지나가던 아담은 H53을 들이쉬죠.

이리하여 수소 원자 H53은
아담의 왼쪽 귀 세포 재생에 사용됩니다.

수소, 탄소, 질소, 산소 4원소는 다양한 방식으로 결합해서 무한히 순환 사용되며 생물 대다수를 구성합니다.
우리 몸은 원자 수십억 개가 끝없이 재결합되며 만들어지는 재활용물이죠.
유명인이나 토끼, 도기, 케이크를 이루었던 같은 원자들의 합성물입니다.

엘비스 프레슬리를 이룬
원자 2억 5천만 개.

말코손바닥사슴 불윙클
(1243~1261)에서 온 원자
2천만 개.

기원전 1만 2천 년의
도기를 이룬 원자
8천500만 개.

파푸 쿤디야(1543~1610)
추장에서 온 원자
3억 8천만 개.

1628년 5월에 영국
왕실에서 먹은 푸딩 원자
2억 1천만 개.

살바도르 달리의
원자
2천700만 개.

원자 구성
이름: 아담
종: 인간
무게: 80kg

네르페티티의 원자
9천300만 개.

토끼 이글로트
(1732~1734)의 원자
7천500만 개.

다른 출처들

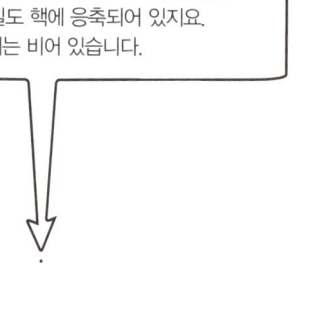

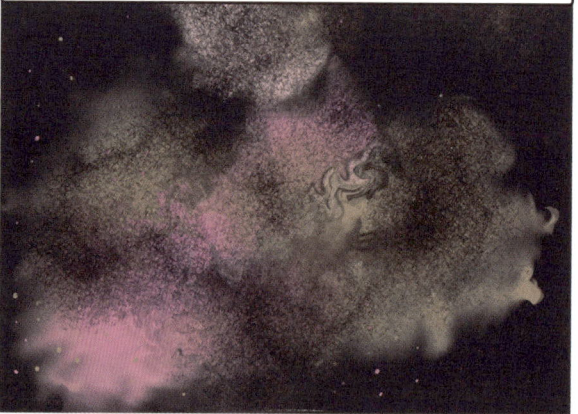

단단하다는 감각은 순전히 전자들이 전자기적으로 서로 밀어내는 힘 때문에 생기죠.
우리는 **접촉**하는 게 아니라 떠다니며 공중부양하는 겁니다.

이게 전부가 아닙니다. 우리는 원자의 핵이 양성자와 중성자로 이루어져 있음을 살펴보았죠.
하지만 이 양성자와 중성자는 무엇으로 이루어져 있을까요? 그보다 더 작은 입자인 **쿼크**죠. 요약하면…

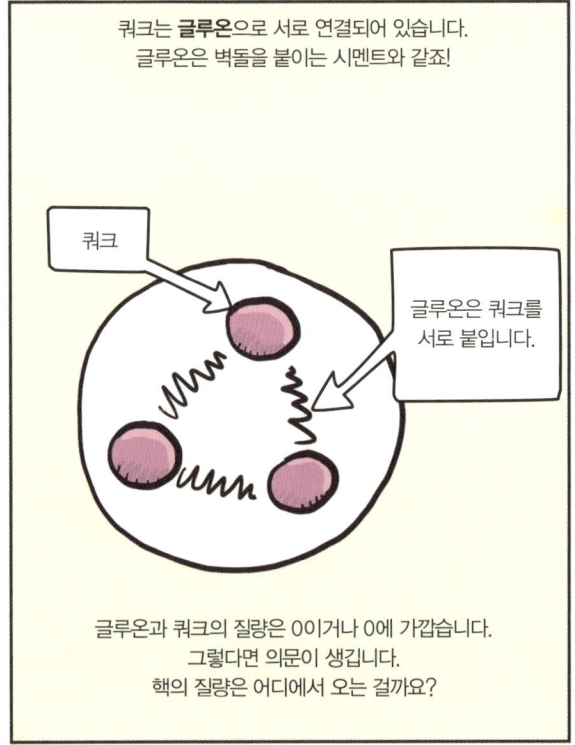

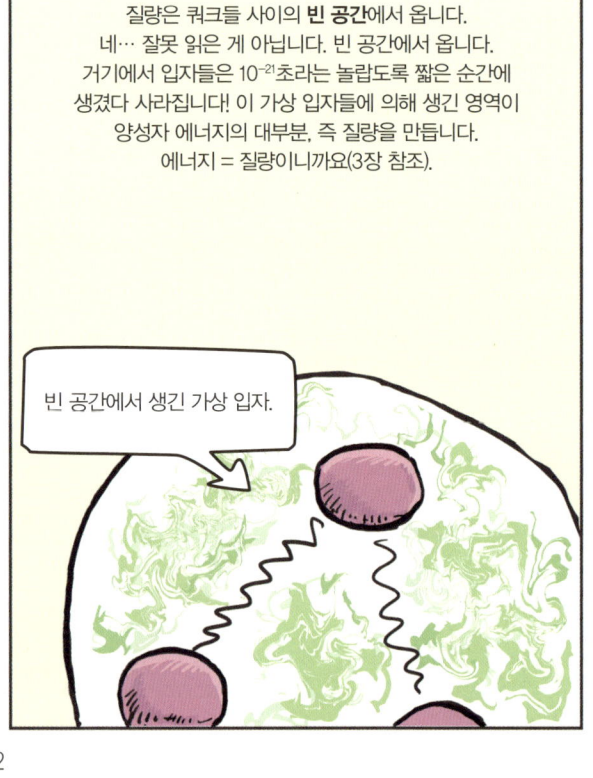

물리학자 레오나르드 믈리디노프는 이러한 양자요동을 관찰할 수 없는 입자의 장으로, "무에서 생겼다가 빠르게 사라지는 격동하는 혼합"이라고 말했습니다. 우리도 양성자와 중성자로 구성되어 있기 때문에 질량도 무에서 비롯됩니다.

어디에도 없는 이 신비한 에너지가 별, 은하, 행성 같은 **모든 것**의 기원일지도 모르죠. 어쩌면 우주는 이 양자요동에서 만들어졌을 겁니다. 자세한 내용은 다음 장에서 설명하겠습니다.

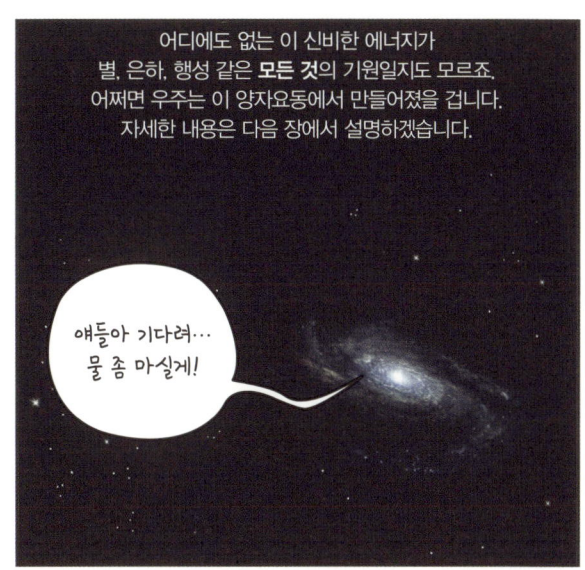

다시 지구로 돌아와서 정리해보죠.

우리 몸의…

…99.99%는 빈 공간이죠.

나머지 0.01%인 질량의 대부분을 차지하는 원자핵도 빈 공간에서 생깁니다.

20세기 초에는 원자가 존재하는지, 원자가 존재한다면 어떻게 생겼는지 알아내야 했습니다.
오늘날까지도 우리는 원자를 '볼' 수 없죠. 너무 작으니까요. 그러니 그 당시에 어땠을지 상상해보세요.
과학자들은 상상력을 동원해 정육면체 원자를 비롯한 각종 모델을 제시했습니다.
원자의 형태를 논하는 학회는 아마 이런 모습이었을 겁니다.

당시 가장 인기 있는 모델은 건포도 푸딩 원자였습니다.
전자가 가장 확실하게 보였기 때문이죠.

하지만 1909년에 물리학자 어니스트 러더퍼드가
질량의 대부분이 아주 작은 핵에 담겨 있다는 사실을
증명했습니다(우리가 이미 살펴본 사실이죠).

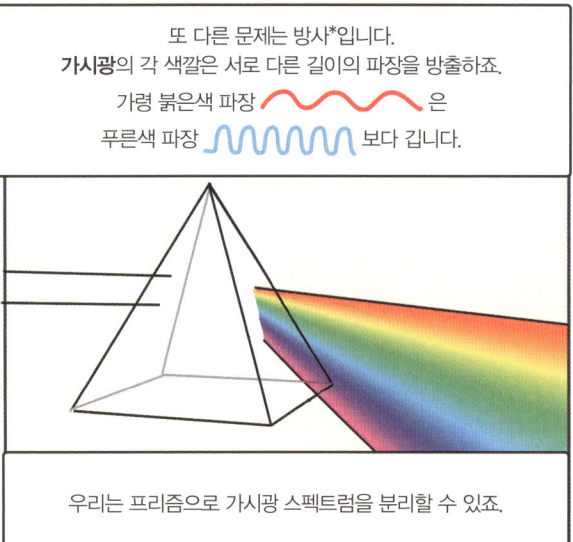

*원소가 내뿜는 전자파.

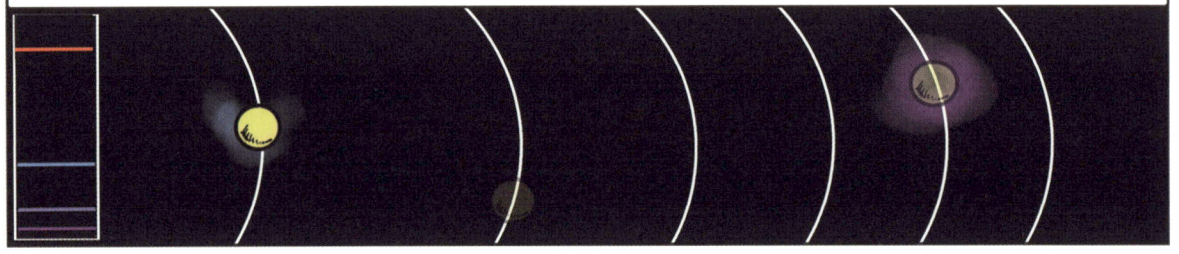

행성 모델 ⚛ 은 원자를 만족스럽게 나타내지 않습니다. 하지만 더 나은 모델이 없기에 오늘날까지도 집단 상상력에서는 이것을 전통적인 원자 모델로 간주하죠.

훗날 양자물리학에 따르면
원자의 성질 자체가 유동적이라는 사실이 밝혀집니다…

…파도가 바위로 바뀌듯 말이죠.

제6장

자연은 부조리한가

"누군가 당신에게 바위가 파도와 비슷하다고 말합니다… 뭐라고요?!?"

- 레너드 서스킨드 (끈이론의 아버지)

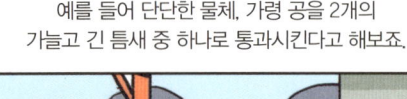

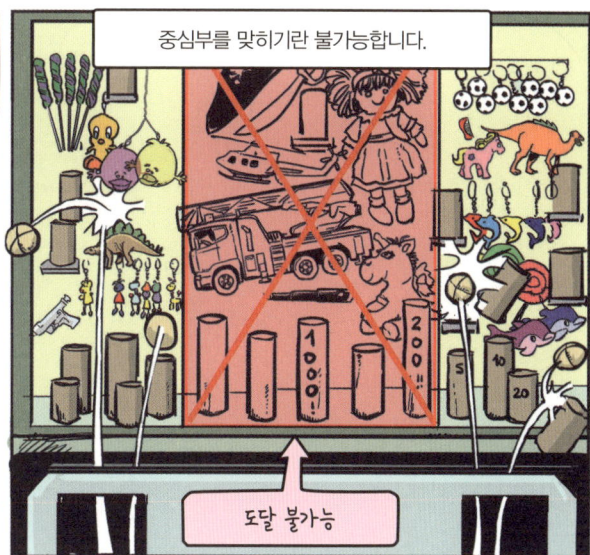

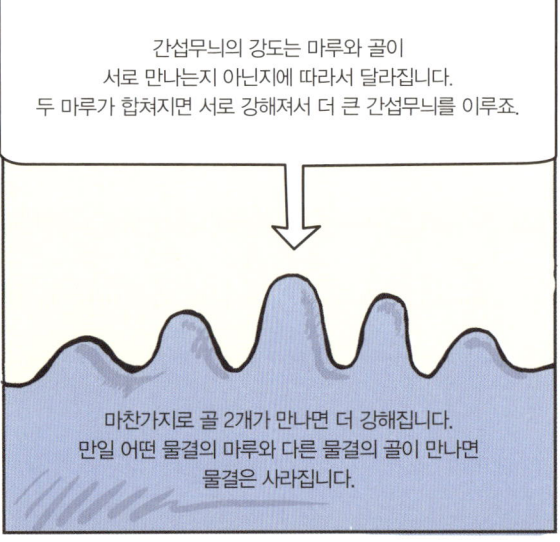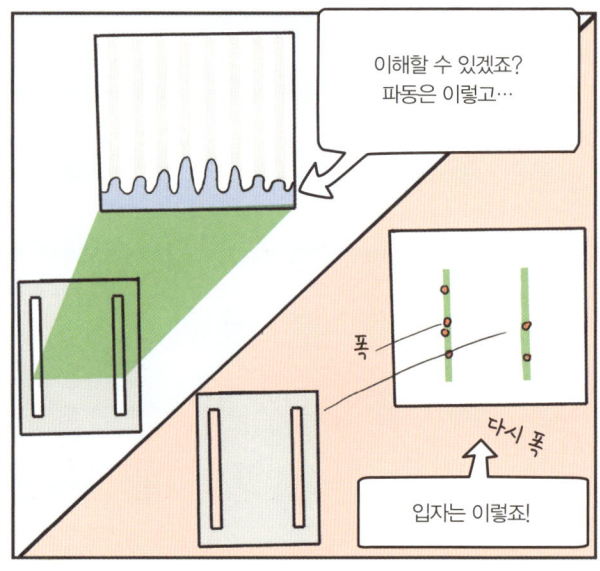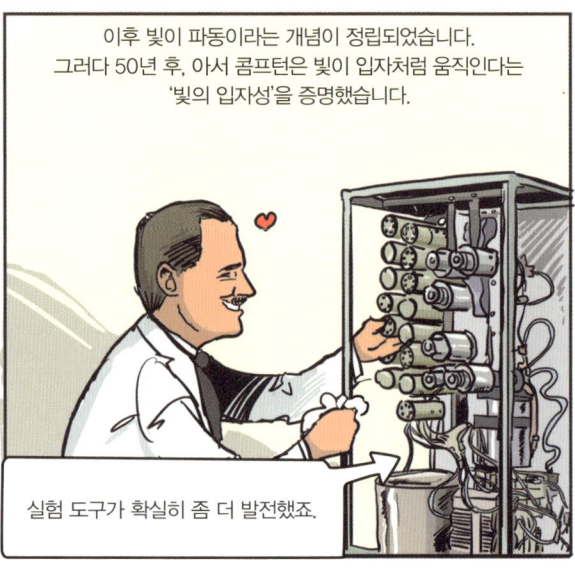

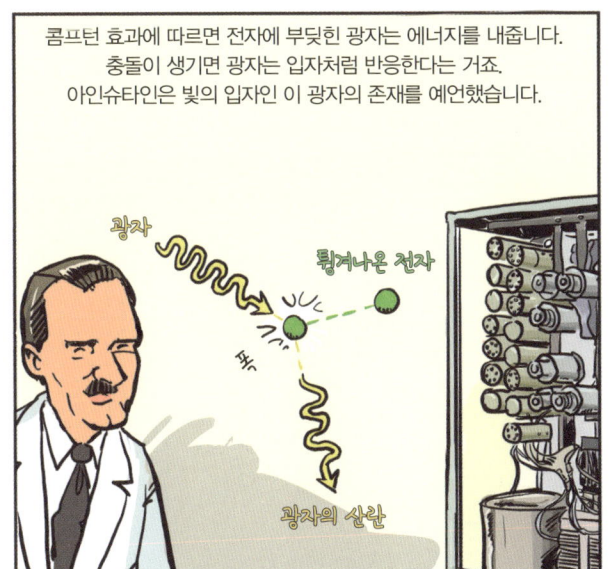

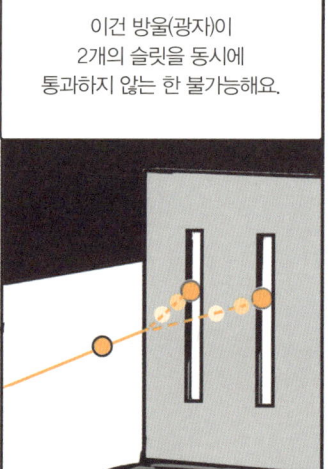

*실제 실험은 밀폐된 진공 상태에서, 이론적으로 가장 낮은 온도인 절대영도에 가까운 장치 안에서 이루어졌음.

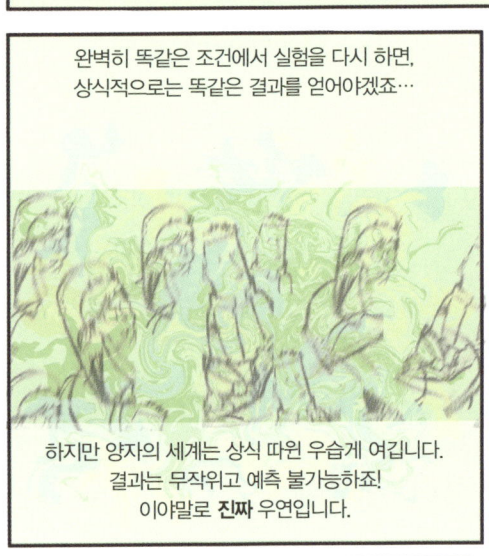

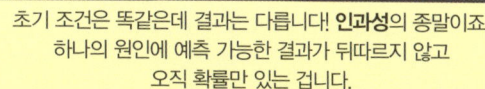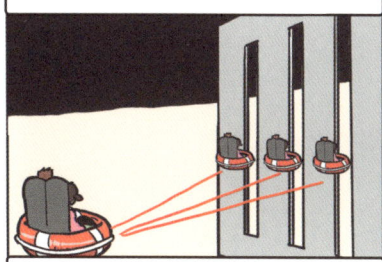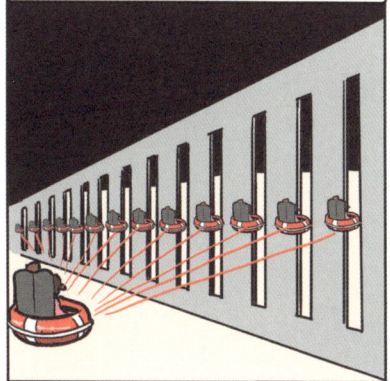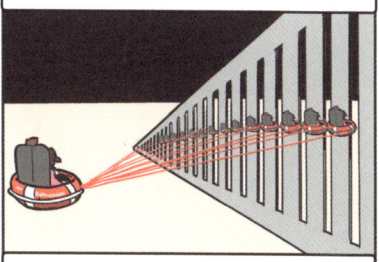

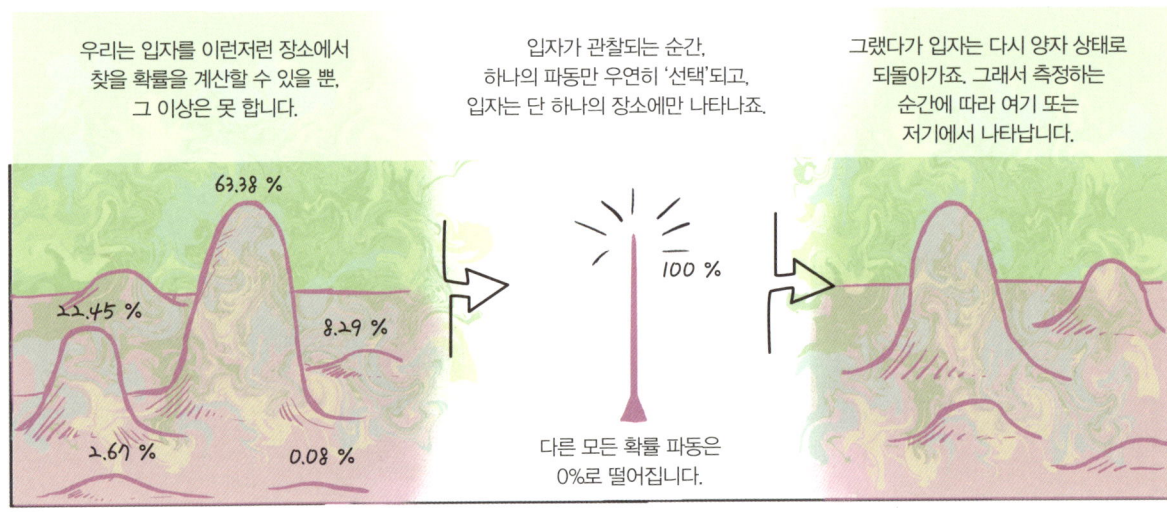

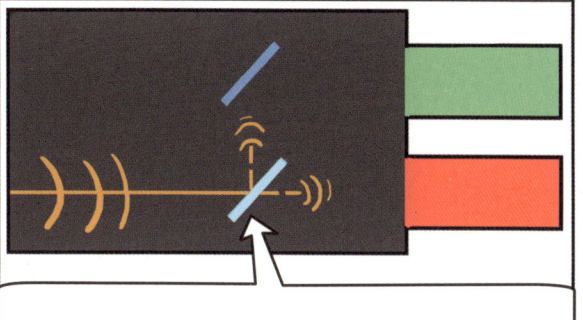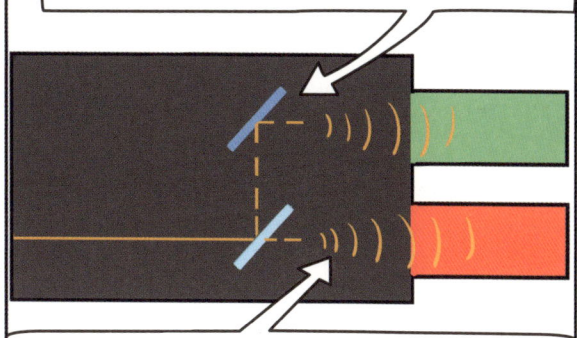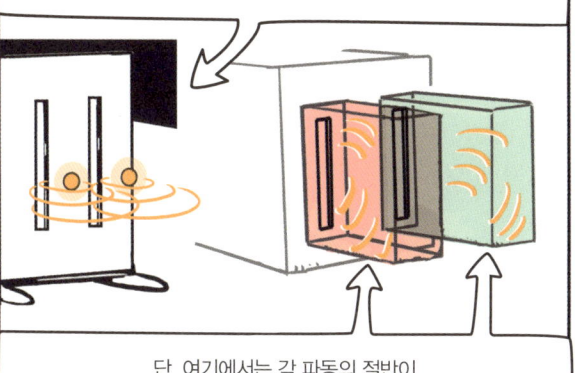

그런데 양자물리학에 따르면 원자는 관찰되지 않는 한 **중첩**된다는 사실을 기억하세요. 원자는 비결정 상태로 초록색과 빨간색 상자에 동시에 들어 있죠.

고양이가 담긴 상자가 열려야만 계수기가 작동할 겁니다.

그러니(바로 여기서 이상해지는데) 우리가 상자를 열지 않는 한, 고양이는 **살아 있으면서** 동시에 죽어 있어야 합니다!

살아 있으면서 동시에 죽은 고양이는 아무도 본 적이 없습니다! 이것이 슈뢰딩거의 요점입니다. 양자역학에 대한 해석이 무언가가 잘못되었다는 걸 보여주죠.

이 사고실험으로 몇 가지 질문이 생깁니다. 첫째, 무한히 작은 미시 세계와 눈에 보이는 거시 세계는…

왜 같은 규칙을 따르는 것처럼 보이지 않을까요?

우리는 수십억 개의 미세한 입자로 구성되어 있는데, 인간의 척도에서 일어나지 않는 일이 왜 원자 수준에서 일어나고 있을까요? 그리고 어디까지가 미시 세계고, 거시 세계는 어디에서부터 시작되는 걸까요?

실제로 양자이론은 미시 세계와 거시 세계 사이에 어떤 경계도 두지 않습니다. 모든 것은 중첩 상태일 수 있죠. 우리 인간도요.

하지만 우리의 중첩 상태는 아주 일시적입니다. 텅 빈 환경에서 세계로부터 고립된, 이른바 **결이 맞는** 실험실의 광자 하나에 대해서도 양자중첩은 이미 불안정한데…

다채로운 우리 현실을 가득 채운 입자들이 수십억 가지 방식으로 혼란스레 상호작용하는 모습을 상상해보세요! 광자는 리오 카니발 한복판에 있는 근엄한 가톨릭 은둔 수도자처럼 충격에 빠질 겁니다!

결잃음으로 양자 세계가 시간과 맺는 기이한 관계도 설명할 수 없습니다.

특수상대성이론에 따르면 시간은 유연하다는 거 기억나죠(2장 참조)? 그런데 양자 실험은 시간의 이상한 다른 측면을 증명합니다(여러분은 이제 놀라지도 않겠지만)…

…우리가 깨닫지도 못한 채 이미 중첩하고 있다는 사실을요.

지금 몇 시야?

놀이기구 몇 개 더 탈 수 있겠네.

그 색채 어쩌고 하는 거 얼룩에도 효과 있어? 셔츠에 뭐 묻었는데.

에고… 어쩌다 그랬을까.

제7장

과거가 미래에 좌우될 때

젊은 박사: 당신하고 이야기해서 즐거웠소. 미래에 우리 다시 만날지도 모르겠군요.
늙은 박사: 아니면 과거에서 만날지도 모르죠.
  - 로버트 저메키스 감독의 영화 〈백 투 더 퓨쳐 2〉 속 대화

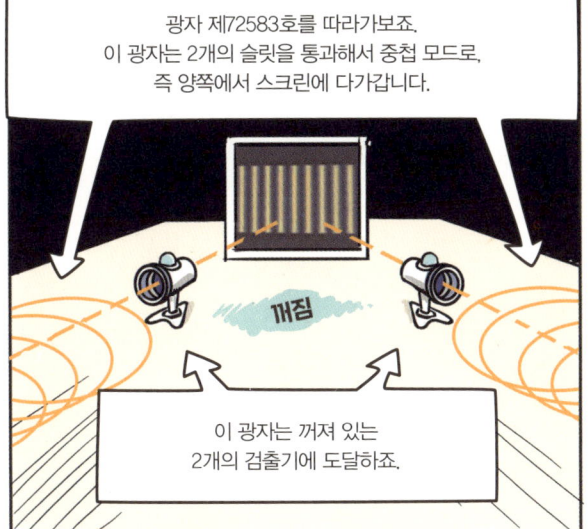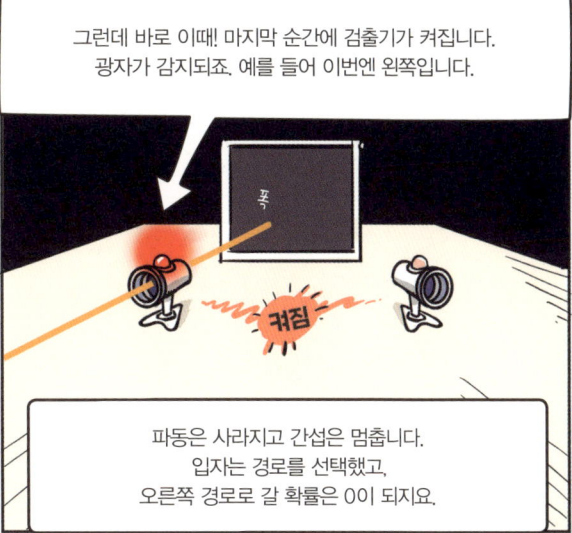

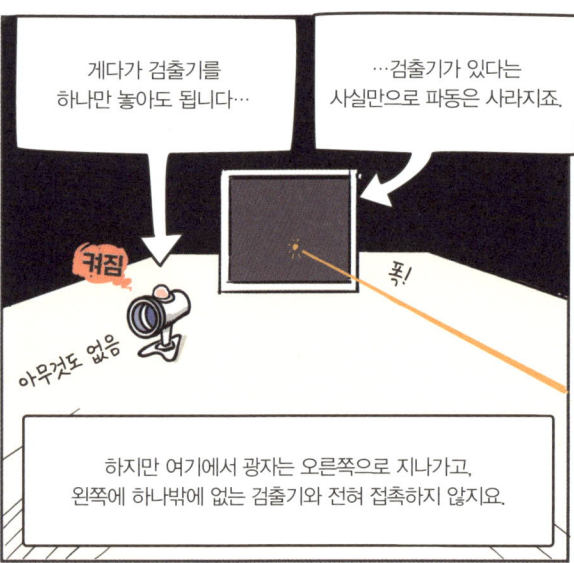

이처럼 입자(광자, 전자, 중성자 등)는 멀리서도 간접 측정으로 그 어떤 접촉도 없이 우리가 자기를 쳐다보는지 알 뿐 아니라, 관찰자의 은밀한 의도를 읽어내고 과거를 미래에 따라 바꾸는 **역의 인과성**을 드러냅니다!

지연된 선택의 놀라운 영향력을 더 잘 이해하기 위해…

실험실과 나노초를 떠나서…

어린 바스티앵이 입자라고 상상해보죠.

바스티앵은 놀이기구 앞에 있습니다. 놀이기구는 이중 슬릿과 같은 분리기 역할을 합니다.

바스티앵은 왼쪽이나 오른쪽으로 갈 수 있죠. 아니 그보다는, 입자로서 왼쪽**과** 오른쪽으로 중첩할 수 있죠.

*지연된 선택(양자 지우개)에 관한 상세한 내용은 책 뒤의 주와 참고문헌과 더불어 www.dunod.com에 수록되어 있습니다.

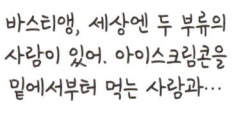

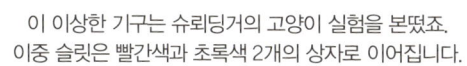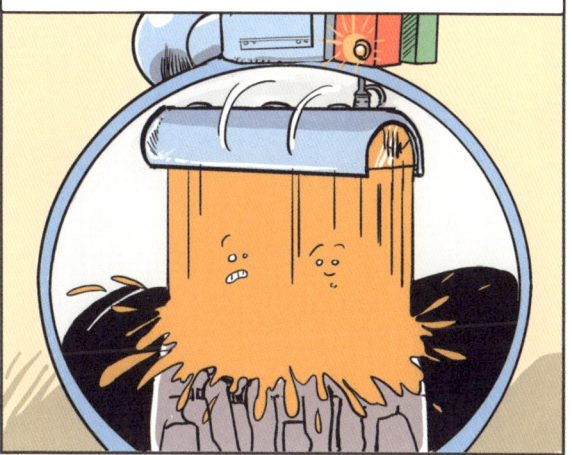

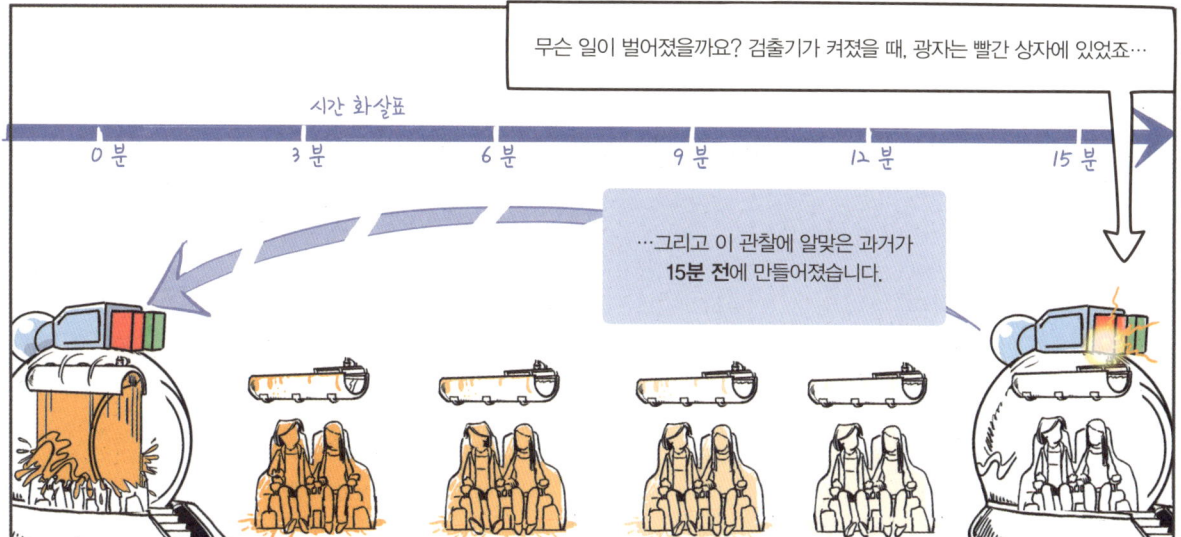

더 멀리 가보죠. 1970년대에 물리학자 존 휠러는 은하계 사이에서 벌어지는 궁극적인 지연된 선택 실험을 상상했습니다! 이 실험을 하려면 우주 끝에 있는 퀘이사와 엄청나게 무거운 은하계, 우리 지구가 필요하죠. 이 모두가 완벽하게 일렬을 이룹니다.

1 수십억 광년 떨어져 있는 퀘이사가 광자들을 보냅니다.

2 은하계는 질량 때문에(51~52쪽 참조) 광자를 휘게 합니다. 광자는 은하계의 위 **또는** 아래로 지나가죠. 이중 슬릿처럼 반반의 확률입니다.

3 지구에서 망원경으로 광자를 보면, 광자는 지나온 경로를 결정하고 파동은 사라집니다.

광자가 어느 경로를 지나갔을까요?
각 광자는 이미 수십억 년 전에 이미 은하계의 위 또는 아래 중 어디로 지나갈지 결정했어야 할 겁니다. 즉 지구상에 생명체가 나타나기도 전에요! 하지만 이 사건은 우리가 망원경으로 광자를 관찰하기 전까지는 **실제로** 벌어지지 않았습니다. 수십억 년 동안 광자는 모호한 확률 상태로 있었던 거죠.

이렇게 과거는 현재에 달린 것처럼 보이지만, 이 현재가 과거를 **바꿀까요**? 일상적인 의미에서 그렇진 않습니다. 관점을 넓혀서 과거가 일렬로 늘어선 정확한 사건들이 아닌 다른 것이라고 보아야 하죠. 양자물리학에 따르면, 과거는 (미래와 마찬가지로) 결정되어 있지 않습니다. 과거는 가능한 사건의 무수한 가닥으로 이루어져 있고, 이 가운데 하나만 실현되죠.

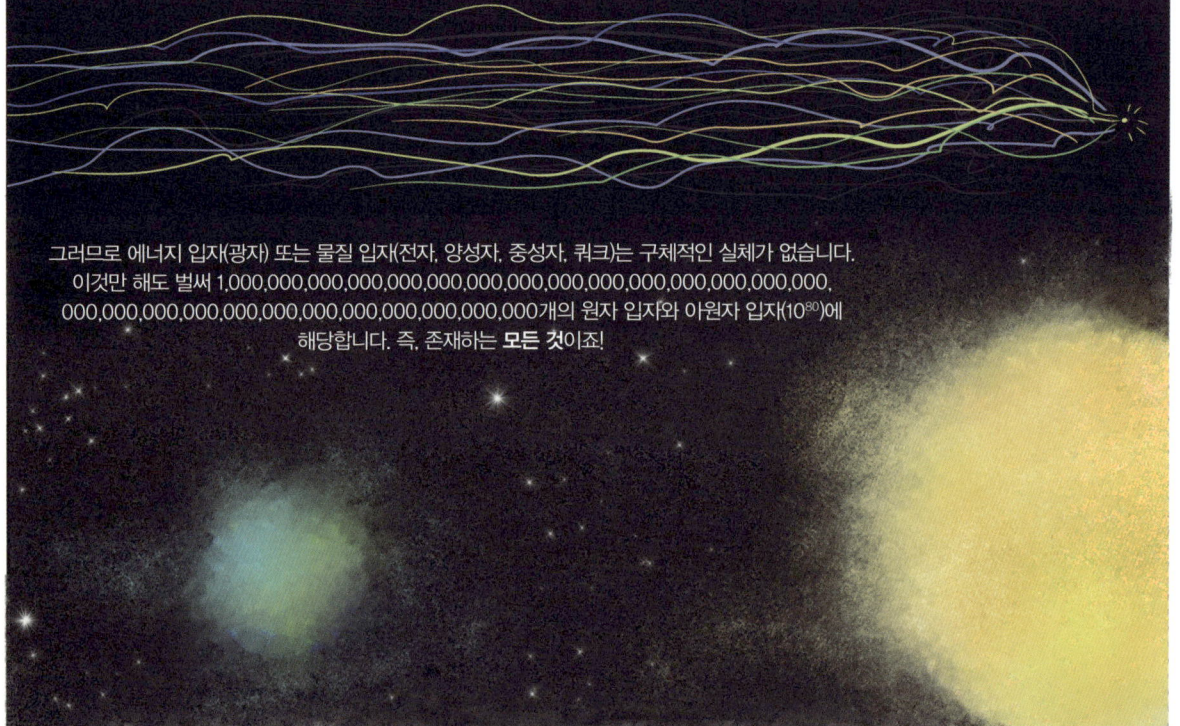

그러므로 에너지 입자(광자) 또는 물질 입자(전자, 양성자, 중성자, 쿼크)는 구체적인 실체가 없습니다. 이것만 해도 벌써 1,000,000,000,000,000,000,000,000,000,000,000,000,000,000,000,000,000,000,000,000,000,000,000,000,000,000,000,000,000,000개의 원자 입자와 아원자 입자(10^{80})에 해당합니다. 즉, 존재하는 **모든 것**이죠!

시간은 무한히 작은 세계에선 존재하지 않는 듯 보입니다.

그렇다면 입자의 세계에서는 존재하지 않는 듯한 시간이 어떻게 우리 수준에서 갑자기 나타나는 걸까요? 어쨌거나 입자는 온 우주를 이루는 물질과 에너지를 이루는 벽돌인데요.

우리의 지각을 넘어선 곳에는
어떤 세계가 있을까요?
시간을 벗어난 현실이란 존재할까요?

그렇다면 공간은 어떨까요?

제8장

공간은 존재하는가

"우주의 두 영역은 상대방의 영역에서 벌어지는 일을 어떻게 알 수 있죠?
상관관계는 시공간 바깥으로부터 오는 것 같습니다."

– 니콜라스 지생(양자역학과 양자암호 연구의 개척자)

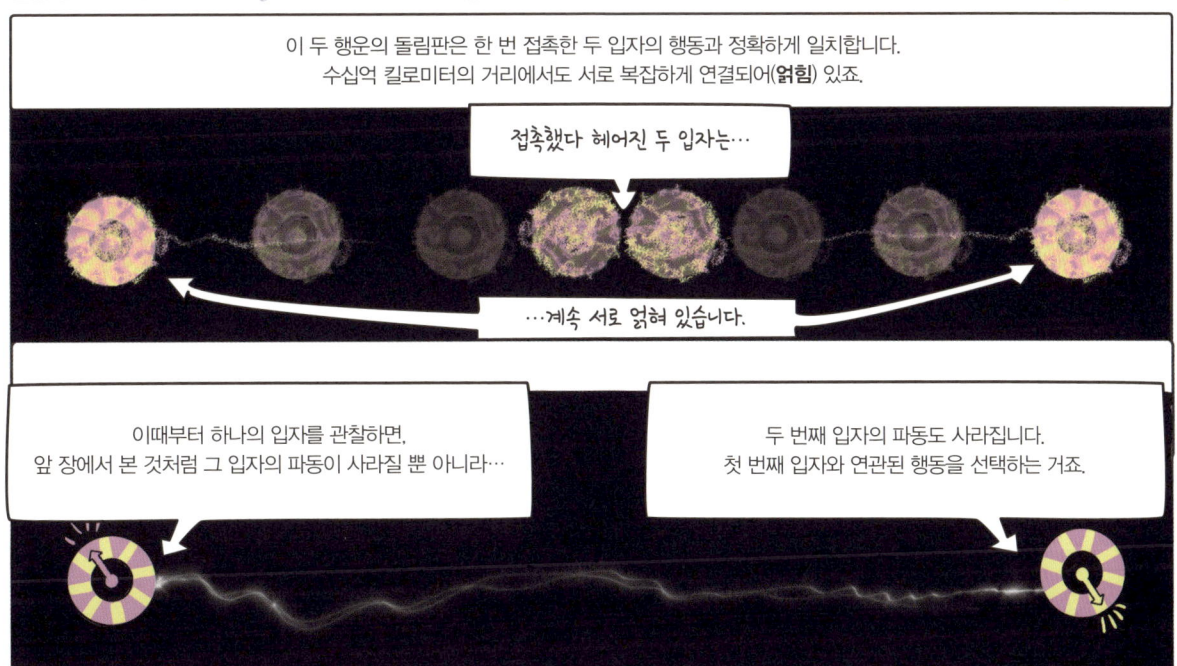

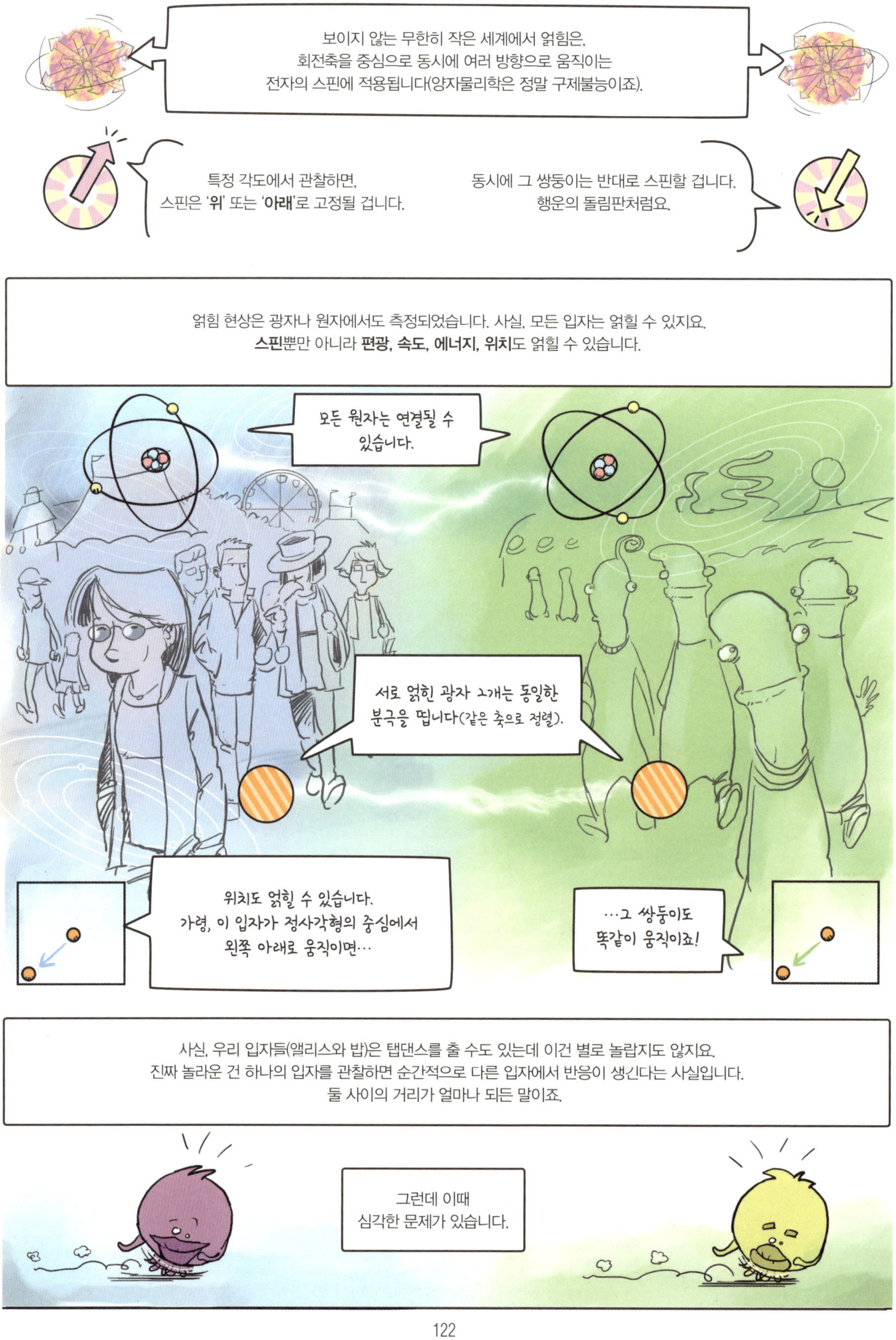

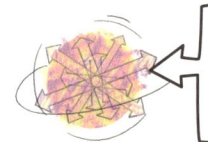 보이지 않는 무한히 작은 세계에서 얽힘은,
회전축을 중심으로 동시에 여러 방향으로 움직이는
전자의 스핀에 적용됩니다(양자물리학은 정말 구제불능이죠).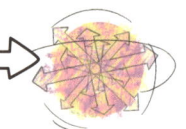

 특정 각도에서 관찰하면,
스핀은 '**위**' 또는 '**아래**'로 고정될 겁니다.

동시에 그 쌍둥이는 반대로 스핀할 겁니다.
행운의 돌림판처럼요.

얽힘 현상은 광자나 원자에서도 측정되었습니다. 사실, 모든 입자는 얽힐 수 있지요.
스핀뿐만 아니라 **편광**, **속도**, **에너지**, **위치**도 얽힐 수 있습니다.

모든 원자는 연결될 수 있습니다.

서로 얽힌 광자 2개는 동일한 분극을 띱니다(같은 축으로 정렬).

위치도 얽힐 수 있습니다.
가령, 이 입자가 정사각형의 중심에서 왼쪽 아래로 움직이면…

…그 쌍둥이도 똑같이 움직이죠!

사실, 우리 입자들(앨리스와 밥)은 탭댄스를 출 수도 있는데 이건 별로 놀랍지도 않지요.
진짜 놀라운 건 하나의 입자를 관찰하면 순간적으로 다른 입자에서 반응이 생긴다는 사실입니다.
둘 사이의 거리가 얼마나 되든 말이죠.

 그런데 이때
심각한 문제가 있습니다.

양자이론에 따르면 한 장소에서 이루어진 관측은 다른 장소, 심지어 우주 반대편의 시스템 상태에 영향을 줄 수 있다고 합니다.
하지만 1바이트의 정보조차도 빛의 속도로 수십억 년을 가야 하는데 어떻게 이런 일이 가능할까요?

혹시 '유령의 원거리 작용'으로? 아무리 유령이라 해도 그럴 순 없습니다.
빛보다 더 빠른 건 없다는 특수상대성의 법칙을 위반하니까요(1장을 보세요).

아인슈타인은 유령이 작용한다는 생각에 반대했습니다.
그는 이런 작용이 존재하는 듯 보이는 건 양자에 대한 설명이 불완전하기 때문이라고 했습니다.
아인슈타인의 가설은 간단해요.

간단히 말해서, 두 입자의 특성은 우리가 관찰했는지 여부와 관계없이 처음부터 존재했다는 겁니다.
왼쪽 장갑이 있다는 건 오른쪽 장갑이 있음을 암시하는 것처럼요.

이런 비밀 프로그램이 존재할까요?
정말 그렇다면 비결정 상태의 전자 A와 B는 측정하지 않았는데도
스핀이 **이미 정해져 있다**는 겁니다. 이걸 증명해보죠…

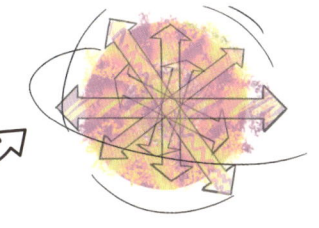

앞서 특정 각도에서 전자를 관찰하면 전자의 스핀은 축을 따라 **위**(여기서는 분홍색) 또는 **아래**(노란색)의 한 방향을 선택한다고 했었죠?
우리는 한 번에 한 각도만 측정할 수 있습니다.

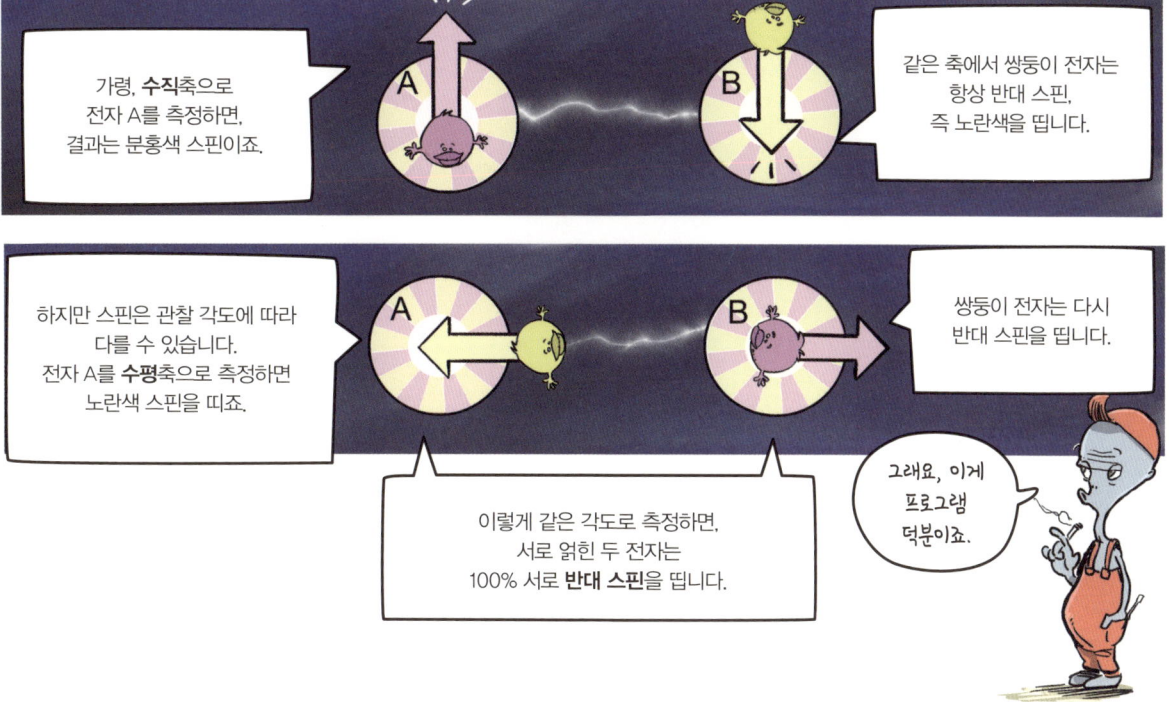

문제는 이겁니다. 이 값들이 측정하기 전에도 존재했을까요?
이에 대한 대답으로 물리학자 존 스튜어트 벨은 확률 게임을 상상했습니다.
서로 얽힌 두 전자를 2개의 **서로 다른 각도**로 관찰해서 분홍/노랑이라는 반대되는 결과를 언제 얻는지 보는 겁니다.

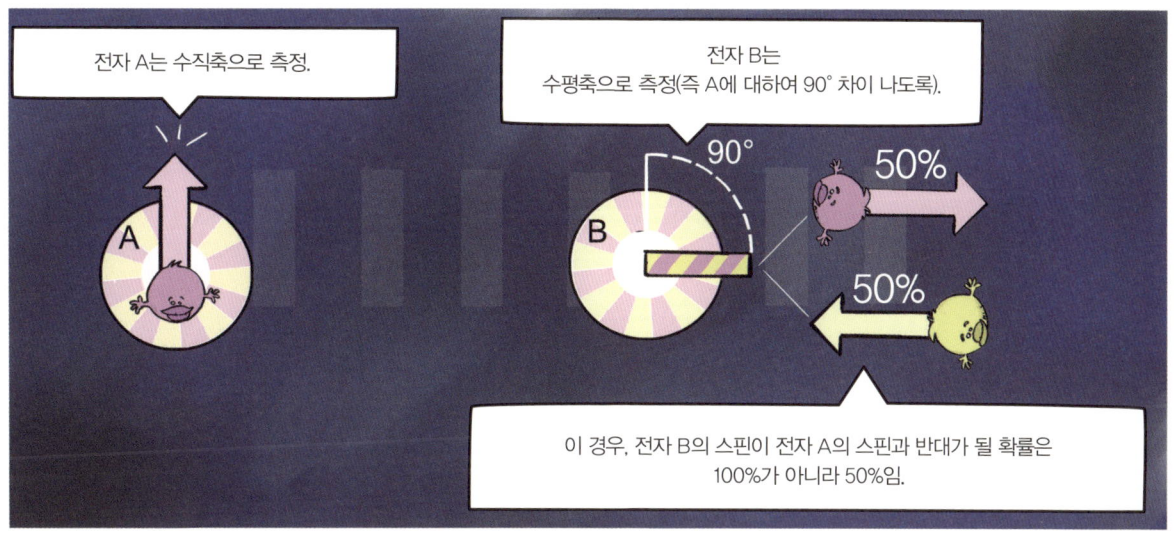

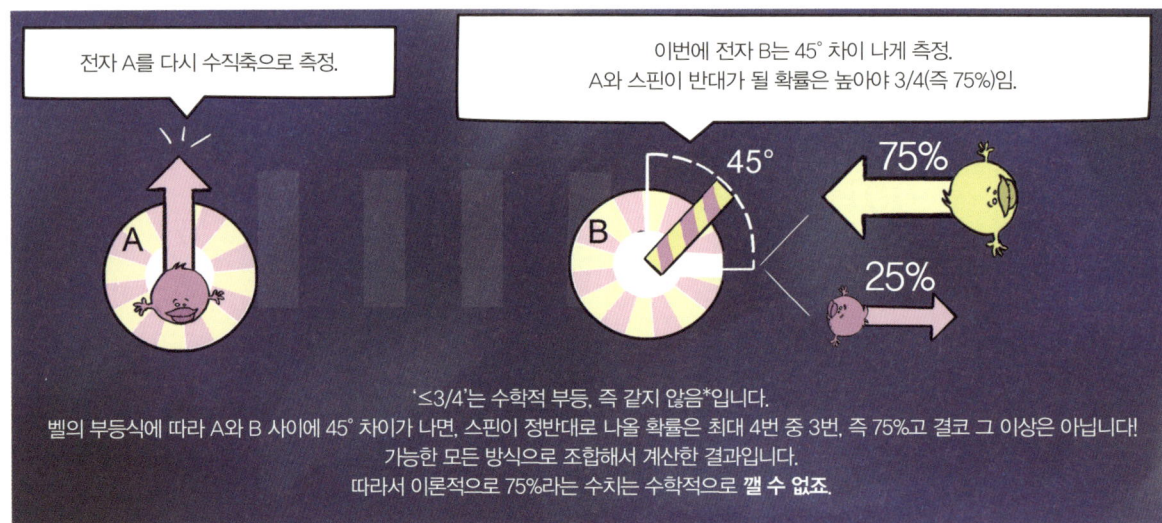

'≤3/4'는 수학적 부등, 즉 같지 않음*입니다.
벨의 부등식에 따라 A와 B 사이에 45° 차이가 나면, 스핀이 정반대로 나올 확률은 최대 4번 중 3번, 즉 75%고 결코 그 이상은 아닙니다!
가능한 모든 방식으로 조합해서 계산한 결과입니다.
따라서 이론적으로 75%라는 수치는 수학적으로 **깰 수 없죠**.

하지만 이 한계는 깨집니다.
서로 얽힌 두 전자의 상관율은
실험실에서 75%가 아니라 85%로 올라갑니다!
국소적 변수에 기초한 어떤 비밀 프로그램도 이렇게는 할 수 없죠.
그러니까 국소적 변수란 존재하지 않습니다!
애초에 결정된 특성은 없지요.
입자는 측정되는 순간에 이런 특성들을 선택하고
먼 거리에서 서로 영향을 미칩니다.

이건 마치 상자 A에
분홍색 공 3개가 포함된 공 5개를
넣는 것과 같습니다.

조금 뒤에 상자를 엽니다. 공 4개가 분홍색이죠.
하나가 스스로 색깔을 바꾼 겁니다!
이건 어떤 수학적 논리로도 설명할 수 없죠.

게다가 상자 B에서도 같은 종류의
변화가 생긴다는 걸 알 수 있습니다.

즉 서로 얽힌 입자는 **비국소** 상관관계로 연결되어 있습니다. 이 개념을 춤추는 입자인 앨리스와 밥으로 나타내보죠.
둘은 서로 수십억 광년 떨어져 있습니다.

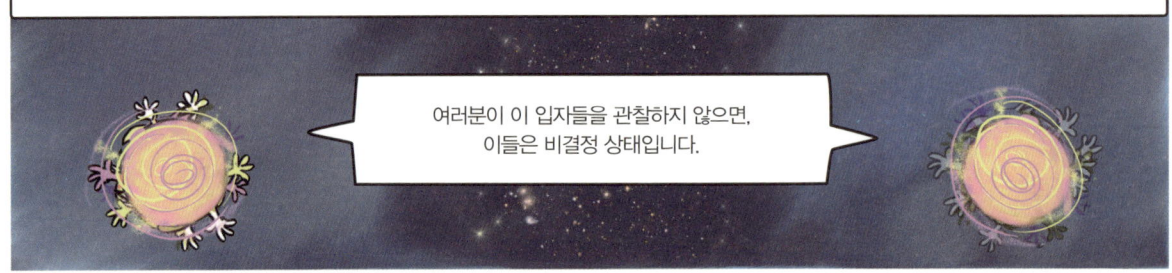

여러분이 이 입자들을 관찰하지 않으면,
이들은 비결정 상태입니다.

*'=3/4'가 같음이면, '≤3/4'는 같지 않음입니다. 간단하죠.

하지만 이 문제에 대한 수학적 해답을 제시하기 시작했죠.

서로 멀리 떨어진 **2개의** 입자가 사실 **하나의** 독립된 개체라는 겁니다.
얽힌 두 양자 입자를 따로 떨어뜨려 생각하면 안 된다는 거죠.

이런 해결책이 근본적으로 아무런 문제도 해결할 수 없지만, 일단 안심되는 구석은 있습니다.

그 원리는 뭘까요? 우리 눈에 보이는 세계에서 전체는 부분의 **총합**입니다. 물체는 각기 어느 한 장소에 있죠. 합쳐져도 각 물체는 서로 분리되어 있습니다.

이는 모든 것에 적용되죠…

…요컨대, 무슨 말인지 알겠지요.

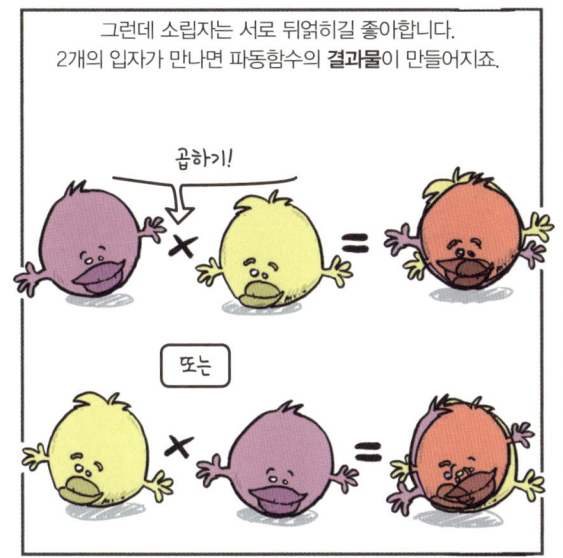

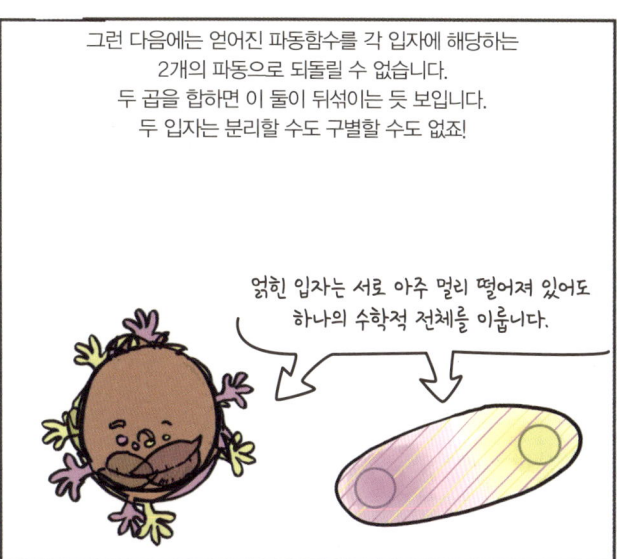

얽힘 수수께끼는 단지 연구실의 장난감만이 아닙니다.

우리 세계는 얽힘이 자연스레 우러나는 거대한 찻주전자처럼 보이죠!

소립자는 그저 부딪치는 것만으로 서로 얽힐 수 있습니다. 가까이 있는 수소 원자 2개처럼 말이죠. 앞에서 본 H53이 75억만 년 전 안드로메다은하에 있던 걸 기억해보세요.

H53

H53은 그룰프의 털을 이루고 있었죠. 그런데 그 옆에 다른 수소 원자 H903487640938985113이 있었습니다. 간단히 H90이라고 하죠.

H53
H90

초신성으로 그룰프의 행성이 파괴됐을 때, 수소 원자 H90은 H53과 정반대 방향으로 갔습니다.

H53
H90

H53이 우리가 아는 대로 지구로 온 반면, H90은 수십억 년을 떠돌다가… 즈그목스에 도착했죠(세상은 정말 좁기도 하죠).

H90

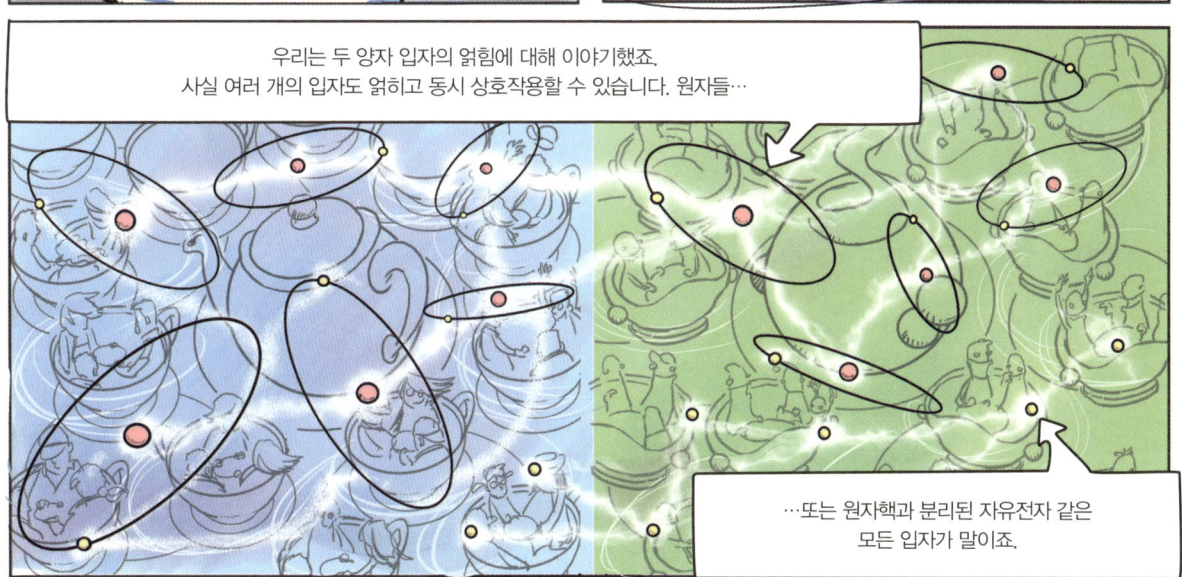

원자에 남아 있는 전자들도 얽힘으로 서로 연결될 수 있습니다.

헬륨 원자의 전자 2개처럼요.

그런데 이게 전부가 아닙니다. 원자에서 전자들은 궤도 사이를 도약할 수 있다는 사실 기억하죠? 각 전자가 광자, 즉 전자기에너지 양자를 얻거나 잃으면서 말이죠(78쪽 참조).

간단 복습: 전자가 높은 궤도로 도약하면, 광자를 하나 흡수하고 따라서 에너지를 충전한다.

전자가 낮은 궤도로 되돌아가면, 이 광자를 잃고 다시 낮은 에너지를 띤다.

그런데 전자는 낮은 에너지로 내려가면서 가끔 광자를 2개 방출합니다. 가령, 칼슘 원자가 그렇죠.

따라서 얽힘은 **에너지로부터** 자연스레 생길 수 있지요.

한마디로, 얽힘은 사하라사막의 유목민 텐트 속에 있는 모래만큼이나 당연해 보입니다.
과학자들은 그 일부를 엿볼 수 있을 뿐이지만, 그것만으로도 현기증을 느끼죠.

얽힘은 광합성에도 관여합니다. 어떻게요?
태양 광자가 엽록소에 든 전자들에 내리쬐면,
붉은 광선과 푸른 광선은 흡수되죠.

엽록소
$C_{55} H_{72} O_5 N_4 Mg$

이 복사 덕분에 전자들은 광자를 실컷 먹고 에너지 수위를 높이죠.
그러다 원자의 마지막 궤도까지 벗어나 자유로워집니다.

에너지를 잔뜩 먹은 이 전자들은
복잡한 생화학 연쇄반응에 들어갑니다.
하지만 먼저 분자와 연결다리들로 이루어진 미로를 거쳐
반응 중심부까지 가야 합니다.

그런데 이 전자들은 서로 중첩되고
얽힌 상태로 움직이는 듯 보이죠.
장점은, 이들이 전부 **동시에** 미로의 모든 길을
통과한다는 사실입니다.
이러면 시간과 에너지 손실을 피할 수 있죠.

분자 미로

시작

반응 중심부

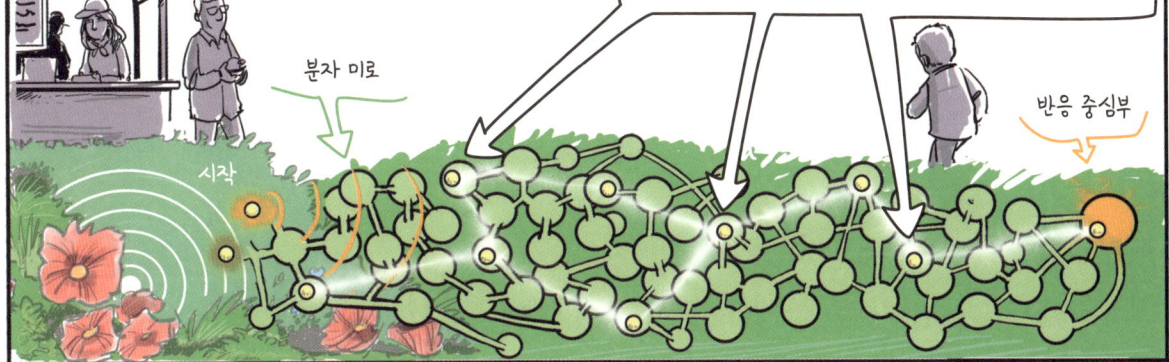

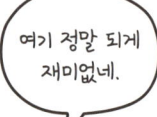

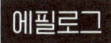

푸딩 속의 흐릿한 구름

자연은 "시공간에서 벌어지는 기초적인 사건들이 일어나는 양자장으로 이루어져 있다.
세상은 신기하지만, 단순하다".

– 카를로 로벨리(루프양자중력이론의 공동 발견자)

> 무. 우리 세계는 사실 비어 있습니다.

> 잘 보세요. 보이나요? 비어 있다고 해서 아무것도 없는 게 아닙니다.

기억나죠? 빈 공간에서 양자가 끊임없이 요동친다는 사실.
어디선가 나타나 수십억분의 1초만 존재하는 가상입자들.

이 수십억분의 1초만으로도 그 질량이 원자에
전해지는 데 충분합니다. 그런데 이 원자도
텅 빈 비눗방울처럼 빈 공간으로 되어 있죠.
물질은 움직이는 빈 공간입니다.

이 빈 공간이 가시광선과 비가시광선의 매개물인
광자와 춤을 추기 시작합니다. 잔뜩 흥분해서
에너지를 내뿜고 집어삼키는 원자들의 경쾌한 춤이죠.
광자와 전자는 서로의 모습으로 뒤바뀝니다.

물질과 에너지가 추는 이 기상천외한 춤은
동시에 여기저기에서 펼쳐지는 듯 보입니다.
틀도 경계도 없이, 결정되지 않은 채 파동 치죠.

우주는 모호한 구름, 시공간 속 양자장의 확률 파동입니다.

그런데 흘깃 한 번 쳐다본 것만으로 파동은 사라지고 입자가 되어서 물질과 에너지 양자로 고정되죠. 관찰자가 현실을 만들어내는 것처럼 보입니다!

세상은 관찰되기 때문에 존재할까요? 말도 안 되는 것 같지만, 이런 생각도 심각하게 고려되고 있습니다.

"나는 생각한다. 고로 존재한다."
R. 데카르트

나는 관찰한다. 고로 너는 존재한다.
N. 보어

나한테 좋은 피크닉 아이디어가 있어.

저쪽에 사람들 있는 데로 가자.

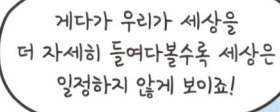

무한히 작은 것은 항상 더 커집니다.
과학자들은 수십 년 전에 간신히 절대영도(−273℃)에 가까운 진공 상태에서 2개의 전자를 따라가볼 수 있었죠.

하지만 세월이 흐르면서 좀 더 큰 물체들을 중첩하거나 얽는 데 성공했습니다…

…심지어 아주 작은 결정체처럼 맨눈에 보이는 물체도요.
양자 파동을 자연스레 사라지게 만드는 현상인 **결잃음**의 한계를 점점 더 멀리 밀어붙이면서 말이죠.

좀 더 큰 물체뿐 아니라 더 더운 물체도 그렇게 하고 있지요!
양자 실험은 생태계 조건과 비슷한 습하고 시끄러운 환경에서도 이루어졌습니다.
이로써 양자생물학의 방대한 가능성이 열렸죠. 특히 수천 개의 원자로 이루어진 슈뢰딩거의 고양이는…

제멋대로라 여전히 까다롭지만,
우리는 점점 가까이 다가서고 있습니다.
유명한 슈뢰딩거 패러독스의 정신으로 말이죠.

존재란 무엇일까요? 고대로부터 이어온 철학적 질문에 대한 접근방식은 근본적으로 흔들리고 있습니다.
이제 우리는 시간과 공간, 에너지, 물질이 보이는 그대로가 아니라는 사실을 깨달았습니다. 참 대단한 도약이죠.

우리는 이 세계가 우리가 아는 세계가 아니란 걸 알고 있습니다. 하지만 그것이 무엇인지는 알지 못하죠.
상대론적 물리학(무한히 큰 것)과 양자역학(무한히 작은 것)이 명백히 모순되는 원리에 기반한다는 건 참 놀랍습니다.
게다가 중력은 또다른 걸림돌이죠.

'푹신한' 중력 상대론적 시공간은
결정론적인 고전적 인과성 논리를 따릅니다.
이 세계는 **연속적**이고, 양자로 나뉘지 않지요.

반면에, 양자역학은 무작위적이고 **비결정적**입니다.
현실은 **불연속적**이고,
질량이 거의 0인 입자로 되어 있죠.
그래서 양자역학은 중력을 하찮게 보고 비웃습니다.

이 모순을 극복하기 위해서 과학자들은 연구의 성배인 양자중력의 보편적인 이론을 찾아 헤매기 시작했습니다.
여기에서 두 이론이 맞서죠.

왼쪽에는 초끈이론이 있습니다.
이 이론은 3차원이 아닌
10차원 세계를 생각해냈죠!

오른쪽에는
루프양자중력이론이 있습니다.

문제는 새로운 차원 7개를
상상해내는 겁니다.
이 이론에서 우주는 변장 전문 배우의
옷장을 닮았죠. 그리고 지금까지 아무도
그 흔적(변장 배우가 아니라 차원들의 흔적)
을 찾아내지 못했습니다.

이 이론에서 시공간은 에너지와
물질처럼 알갱이,
즉 양자로 이루어져 있죠.
세상이 완전히 양자장으로
이루어져 있다는 겁니다.

이 모든 가설과 질문 가운데 몇 가지는 확실합니다.
세계를 이루는 모든 입자는 시간과 공간이 존재하지 않는 것처럼 행동한다는 사실이 실험을 통해 증명되었죠.
마치 또 다른 영역, 시공간 너머의 영역이 우리 현실에 침투한 것처럼요.

우리와 우리 우주는 상자에 갇혀 있는 듯 보입니다. 크지만 그래도 하나의 상자죠.
이 상자는 또 다른 궁극적인 현실이라는 배경 속에 놓여 있습니다.

우리의 우주는 일종의 젤리 푸딩으로 가득 차 있습니다.
이게 바로 우리의 시공간, 물결치고 앞뒤로 흔들리고 안으로 휘는 시공간이죠.

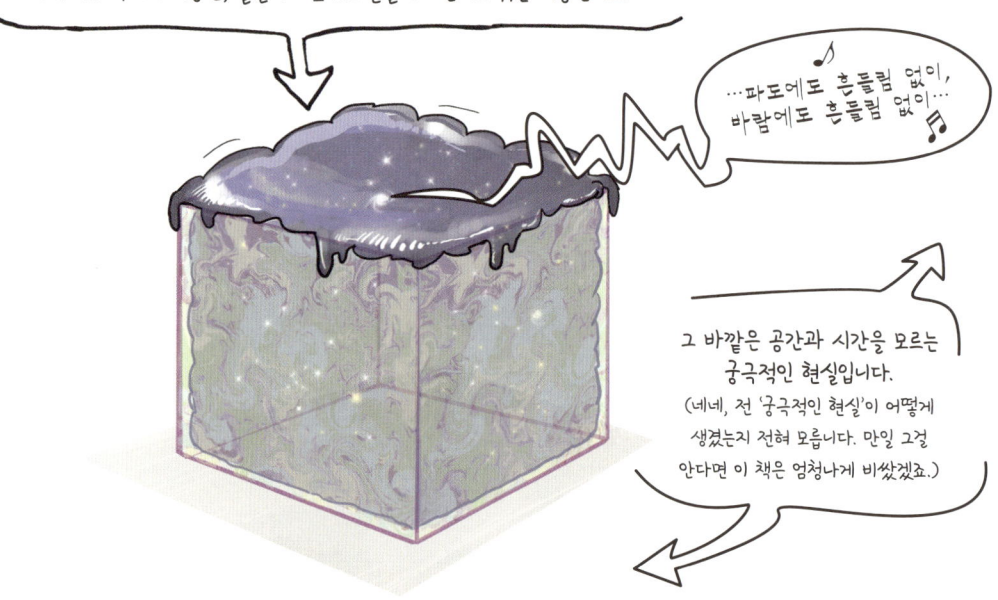

…파도에도 흔들림 없이,
바람에도 흔들림 없이…

그 바깥은 공간과 시간을 모르는
궁극적인 현실입니다.
(네네, 전 '궁극적인 현실'이 어떻게
생겼는지 전혀 모릅니다. 만일 그걸
안다면 이 책은 엄청나게 비쌌겠죠.)

이 시공간 푸딩에는 **양자장**과 에너지 구름, 입자 구름이 박혀 있습니다.
여기에선 무엇도 굳어 있거나 단단하지 않죠.

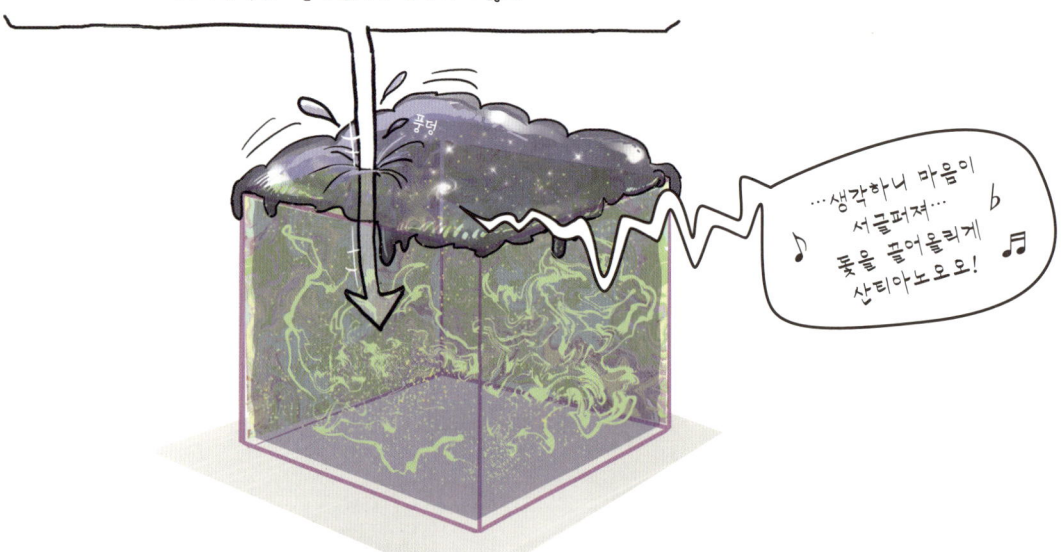

…생각하니 마음이
서글퍼져…
못을 끌어올리게
산티아노오오!

한마디로 우리는 **착시 세계**에 살고 있습니다.
그리고 이 모든 게 장장 130억 년 전에 시작됐죠. 빅뱅과 더불어요.

그럼 빅뱅 이전에 무언가가 있었을까요? 또 다른 상자? 여러 개의 다른 상자? 또 다른 차원들이 있는?
시간과 공간은 큰 규모로만 모습을 드러내는 양자장일까요?
우주도 우리가 자기를 관찰하고 있다는 이유로 수십억 개의 스토리 중 우연히 하나에 고정된 양자적이고
확률적인 현실일까요? 과학자들은 이 모든 가능성을 진지하게 연구하고 있습니다.

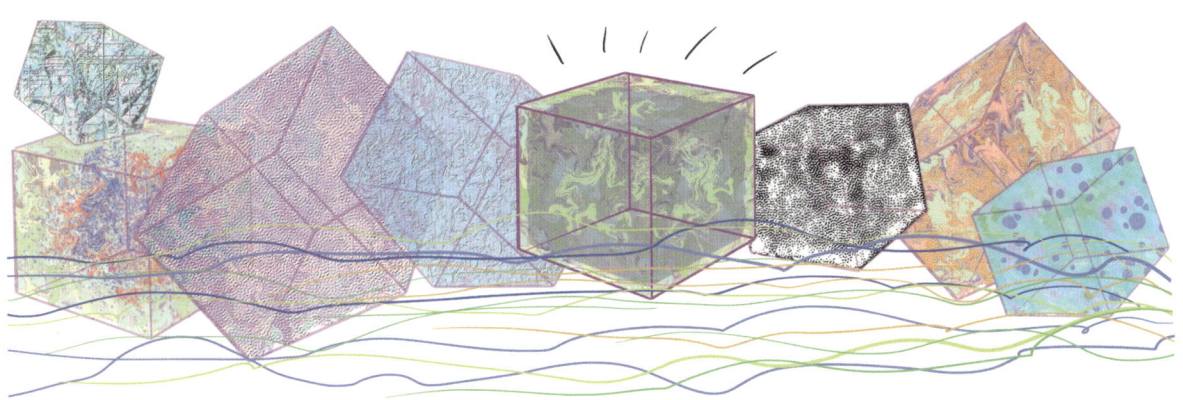

궁극적인 현실의 해답은 어쩌면 과거에 있을지 모릅니다. 마침 잘됐네요. 우리는 과거를 읽을 수 있으니까요!
기억나죠? 빛은 나이가 없다는 사실요.
우주 저 끝에서 우리에게 도달하는 빛은 130억 년이라는 고달픈 여행을 할 필요 없이 순간적으로 온 겁니다.

우리는 빅뱅의 순간,
미세하고 동시에 무한히 밀도 높은 이 점을
거의 볼 수 있을 지경입니다.
즉 (블랙홀과 더불어) 상대성 법칙과
양자 법칙이 결합한 희귀한 장소 중 하나를 말이죠.

여기에 담긴 해답(이걸 찾아낼 수만 있다면)이 무엇이든 그 답은 사리에 어긋날 겁니다.
가령, 시작도 끝도 없는 **무한한 시간**을 상상해보세요. 쉽지 않죠?
그럼 반대로 **유한한 시간**을 상상해보세요. 그런데 유한한 시간이란 대체 뭘까요??
보세요… 사리에 전혀 맞지 않지요.

언젠간 알 수 있을지 몰라.

그때까진 흐르는 시간이나 감상하자…

좀 근질근질하지 않아?

용어 설명

용어는 책에서 나온 순서대로 싣습니다.

시간의 정의는? (13쪽)

특수상대성에 따르면 시간은 현재나 미래뿐 아니라 과거도 포함합니다. 우주에서 매 순간은 동등하다는 거지요. 영국의 수학자 로저 펜로즈(Roger Penrose)는 이에 대해 다음과 같이 말했습니다. "상대성에 따르면, 전혀 흐르지 않는 정역학적인 4차원 시공간만 있어야 한다. 시간은 공간과 마찬가지로 흐르지 않는다."

그러니 시간은 흐르지 않습니다. 놀랄 일이죠. 그렇다면 시간은 무얼 할까요? 놀랍게도 과거를 미래와 구분해주는 '유일한' 물리학적 법칙은 더운 것에서 찬 것으로(그 반대는 절대 아님) 이동한다는 엔트로피 법칙뿐입니다. 무질서도가 자연스레 증가하는 거죠. 이 법칙이 우리가 알고 있는 과거와 미래 사이에 존재하는 '모든' 차이의 원인이라는 겁니다. 컵 안에서 녹는 얼음부터 노화 현상까지 말이죠. 아인슈타인은 시간을 '끈질기게 지속되는 환상'으로 보았습니다. 게다가 양자물리학 실험에서는 시간이

R. 마그리트 작품을 본뜬 이미지

우리의 측정 범위 바깥에 있기라도 하듯 보이지 않습니다. 시간은 스토리가 이미 결정되어 있는 하나의 '블록 우주'를 이루는 걸까요? 어떤 사람들은 그렇다고 단언합니다. 루프양자중력이론에서는 시간이 양자장에 통합되어 있다고 봅니다. 바닥 준위에서 시간 변수는 산만하게 퍼져 있는 동적 장에 속해 있다는 거죠. 물리학자 카를로 로벨리(Carlo Rovelli)는 《시간은 흐르지 않는다(The Order of Time)》에서 "이 장은 상호작용할 때에만 도약하고 요동치고 구체화되며, 최소 층위 이하로는 정의되어 있지 않다"라고 썼지요.

미국의 저술가 댄 포크(Dan Falk)는 이에 대해 더 확실히 알려고 전문가들을 찾아 인터뷰했고, 그 내용을 《시간을 찾아서(In Search of Time)》에 실었습니다. 결론은 뭘까요? 그는 "아주 많은 과학자와 이야기하고 나니, 시간에 관해 유일하게 내려진 합의는… 시간이 우리가 생각하는 대로가 아니라는 사실뿐이다"라고 약간 낙심해서 말하지요.

시공간 팽창 (14~15쪽)

"시간 팽창은 움직이는 물체에서 시간이 상대적으로 느려지는 것인데, 이는 지구에서 매일 실험되는 현실이다." 물리학자 로렌스 M. 크라우스(Lawrence M. Krauss)는 이렇게 단언합니다.

자전거 탄 사람의 예를 다시 보죠. 자전거를 타고 가는 사람이 초정밀 손목시계로 시간 변화를 측정할 수 있다고 할 때, 이 사람은 시간 변화를 전혀 확인하지 못하므로 시간 감속은 상대적입니다. 반면에, 시간 팽창은 자전거를 탄 사람의 손목시계와 '연결된' 정지 상태의 시계로 측정이 가능하죠. 자전거를 타고 움직인 사람은 나중에 자기 손목시계가 정지해 있던

시계보다 몇 나노초(10^{-9}초) 느리게 갔음을 확인할 겁니다. 다른 상대적 효과는 관성질량이 증가하는 것이죠. 속도가 빨라질수록 물체를 옮기는 데 계속해서 더 많은 에너지가 필요합니다(뒤에 나오는 '$E=mc^2$' 항목도 참조).

끝으로, 특수상대성에 따르면 속도로 인해 물체의 크기는 물체가 움직이는 방향과 나란히 축소됩니다(다른 방향으로는 축소되지 않음). 달리 말해서, '움직이지 않는' 외부 관찰자가 보기에 초고속 로켓은 앞부분과 엔진 사이를 납작하게 누른 것처럼 보이겠지요. 자전거에서도 마찬가지입니다… 단, 그러려면 페달을 엄청나게 빨리 밟아야겠죠.

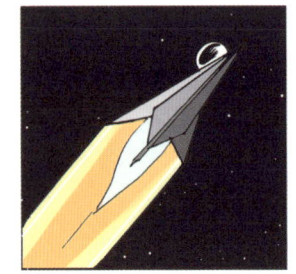 

쌍둥이 역설 (18쪽)

특수상대성 법칙을 반박할 여지가 없다 해도, 그 해석이나 설명에 대해서는 논의가 분분합니다. 프랑스 물리학자 폴 랑주뱅(Paul Langevin)이 1911년에 아인슈타인에게 전한 유명한 쌍둥이 역설을 예로 들어 살펴보죠. 이 이야기에는 쌍둥이 형제 둘이 등장합니다. 한 명은 지구에 남아 있고, 다른 한 명은 로켓을 타고 빛에 가까운 속도로 우주 왕복여행을 하죠. 가령 지구에서 30년이 지났다고 합시다. 여행을 떠난 쌍둥이가 돌아옵니다. 특수상대성에 따르면 시간은 이 사람에게 지구에 남은 형제보다 더 빨리 가서, 예를 들어 30년이 아니라 3년이 흘렀습니다. 이건 로켓의 엄청난 속도 때문이죠.

첫 번째 확실한 사실은 다음과 같습니다. 특수상대성 방정식에 따르면, 쌍둥이에게 시간은 각자의 관성 좌표(여기에서 시간은 일정하고, 공간은 균질하고, 속도는 0이거나 일정하게 직선으로 움직이죠)에서 똑같은 방식으로 흘렀습니다. 여행을 떠난 쌍둥이의 시계는 지구에 남은 쌍둥이의 시계와 똑같은 속도로 재깍거렸죠. 그래서 어떤 과학자들은 우리가 움직일 때 시간이 '느리게 간다'는 건 거짓이라고 말합니다.

하지만 지구에서 보았을 때, 여행을 간 쌍둥이의 시계는 지구에 있는 시계보다 상대적으로 확실히 늦게 갔지요. 지구에 남은 사람에게는 30년이 흐른 반면, 우주로 떠난 형제에겐 3년이 흘렀으니까요. 따라서 아인슈타인의 법칙에 따르면, 여행 간 쌍둥이는 지구로 돌아왔을 때 자기 형제보다 더 젊습니다. 아인슈타인 이후로 쌍둥이 역설에 대한 해석이 50가지도 넘게 나왔죠! 가령, 어떤 학자는 '고유'시간

과 '생물학적' 시간을 구분해서 여행 간 쌍둥이는 '생물학적으로' 자기 형제보다 더 젊지 않다고 합니다. 하지만 과학적으로 합의된 내용은 아니죠.

끝으로, 애초에 랑주뱅의 쌍둥이 역설은 대칭의 역설을 강조하기 위한 것이었다는 사실을 짚고 넘어가죠. 관점을 뒤집어 보면, 로켓이 아니라 지구가 빠른 속도로 멀어져 간다고 볼 수 있지요. 그러면 쌍둥이 형제는 둘 모두 빠른 속도로 서로에게서 멀어지는 것이고, 따라서 서로에 대해 더 '젊어진다'고 생각할 수 있습니다. 상대성이 예측한 효과로 대칭 원리가 있는 건 사실입니다. 하지만 이건 겉모습만 역설일 뿐이죠. 실제로 젊어진 건 로켓을 탄 쌍둥이입니다. 이 사람은 계속 일직선으로 일정하게 움직였을 리 없습니다. 가속하거나 감속했겠죠. 또 시작점으로 되돌아오기 위해 어디에선가 유턴을 했을 겁니다. 즉 관성 좌표를 바꾼 겁니다. 간단히 말해서, 움직인 건 로켓을 탄 사람이고, 지구에 있는 쌍둥이는 단 하나의 좌표에 머물렀지요. 24쪽에서 이야기한 하펠-키팅(Hafele-Keating) 실험 결과가 이 사실을 구체적으로 증명해줍니다. 느리게 간 건 비행기에 실은 원자시계지 지상에 있던 시계가 아니죠.

$E = mc^2$ 또는 $m = E/c^2$ (37쪽)

고전적인 운동에너지 계산법에 따르면 질량이 m이고 속도 v로 움직이는 물체는 운동에너지가 $E = \frac{1}{2}mv^2$입니다. $E = mc^2$은 이 물체와 연관된 에너지의 다른 측면, 즉 질량에 담긴 에너지를 계산합니다. 원자변환으로 질량과 에너지 사이의 등가성을 설명할 수 있죠. 핵반응(핵분열이나 핵융합)으로 질량 m이 사라지면, 에너지 mc^2이 방출됩니다. 반대로 에너지 E가 핵반응으로 흡수되면, 질량은 E/c^2만큼 증가하지요. $E = mc^2$ … 또는 $m = E/c^2$은 사실상 정지 상태이거나 빛의 속도 c보다 훨씬 느린 속도로 움직이는 물체에 적용되는 단순화된 공식입니다. c에 가까운 속도를 띤 물체에 대해서는 방정식이 특수상대성과 직접 연관되죠. 이미 앞에서 보았듯이 특수상대성에 따르면 시간과 공간은 한 동전의 양면이고 관찰자(특히 그 속도)에 따라 달라집니다. 수학자 H. 민코프스키(H. Minkowski)는 시간과 공간을 연결하는 것은 곧 4차원(공간 3차원과 시간 1차원)인 하나의 공간을 사용하는 것이라고 공리화했지요.

이 계수로 움직이는 질량(m_r)을 정지해 있는 질량(m_0)과 구별할 수도 있습니다. 이때 아인슈타인 방정식의 질량($m = E/c^2$)은 상대론적 질량 m_r (즉 E/c^2) = $m_0 / \sqrt{1 - v^2/c^2}$으로 바뀝니다. 이 방정식은 무엇을 뜻할까요? 바로 질량 m_r이 어떤 물체의 속도에 따라 증가함을 뜻하죠. 이 상대론적 질량 증가 개념은 리처드 파인만(Richard Feynman)이나 스티븐 호킹(Stephen Hawking)을 비롯해 많은 사람이 사용했습니다. 이 개념 때문에 혼란이 일기도 했습니다. 움직이는 물체에서 물질량(불변 질량)이 늘어난다고 생각하게 만들었기 때문인데, 사실 터무니없는 일이죠. 이건 말 그대로 불변하는 질량이니까요. 만일 이런 생각이 사실이라면, 점점 더 빨리 움직이는 물체는 질량이 늘어나고, 따라서 중력이 늘어나 결국 블랙홀로 바뀔 겁니다. 하지만 실제로 이렇지는 않죠.

반면에, 이 물체의 관성질량은 늘어납니다. 속도가 빨라지면 물체의 관성은 점점 더 커질 테고, 따라서 가속하려면, 즉 속도를 높이려면 계속 더 많은 에너지가 필요하죠. 그런데 기억해보세요. 에너지 = 질량입니다. 빛의 속도가 될 때까지 가속하면 관성질량은 무한대로 늘어나고, 따라서 해당 질량을 움직이는 데 필요한 에너지도 무한히 늘어납니다. 상대적 질량은 사실 그저 단순히 '에너지'라 할 수 있지요.

방사능 (39쪽)

방사능은 보통 핵에 든 양성자와 중성자 수의 불균형에서 생깁니다. 불안정해진 원자는 균형을 되찾을 때까지 에너지(방사능)를 발산하죠. 반감기는 어떤 물질을 이루는 원자들의 절반이 균형을 되찾는 데 필요한 시간입니다. 방사능은 어디에나 있습니다. 50억 년쯤 전에 지구가 형성됐을 때, 물질은 (불안정한) 방사능 원소와 안정적인 원소로 이루어져 있었죠. 그 이후로 방사능은 계속 줄었습니다. 많은 방사성 원자가 대부분 안정적인 원소로 바뀌었기 때문이죠. 초기 방사성핵종, 즉 자연 상태에서 불안정한 방사능 핵을 지닌 원자들은 이제 20여 가지만 남았죠. 이 중에서 가장 주된 것은 바나나 등에 들어 있는 포타슘, 그리고 우라늄 238, 우라늄 235, 토륨 232, 이 세 방사성 원소에서 온 방사성핵종입니다. 이 방사성 원소들은 공기, 토양, 물, 그리고 인간을 포함한 유기체에서 찾아볼 수 있죠.

1896년에 프랑스 물리학자 앙리 베크렐(Henri Becquerel)은 사용하지 않은 사진건판을 넣어둔 서랍에 형광성의 우라늄염을 두었다가 우연히 방사능을 발견했습니다. 며칠이 지나자 우라늄염이 빛에 노출되지 않았는데도 사진건판에 상이 감광되어 나타났죠. 이걸 보고 베크렐은 빛이 우라늄염에서 발산되었음을 깨달았습니다.

바나나에 든 포타슘은 초기 방사성핵종의 하나입니다.

알베르트 아인슈타인 (49~50쪽)

아인슈타인이 변변찮은 학생이었다는 믿음이 끈질기게 이어져 내려옵니다. 여기엔 한 가지 좋은 점이 있지요. 학습에 어려움을 겪는 어린이의 부모에게 조금이나마 희망을 준다는 사실이죠. 하지만 열등생에게 나쁜 소식이 있습니다. 아인슈타인은 사실 아주 우수한 학생이었다는 거죠. 아인슈타인이 학교에서 지루해한 건 바로 너무 똑똑했기 때문입니다. 그는 어렸을 때 유클리드 기하학 책을 한 권 받았는데, 거기에 실린 모든 문제를 풀어냈을 뿐 아니라, 피타고라스의 정리를 증명하는 새로운 방법을 만들기도 했죠. 시간이 흘러, 그는 평균 수준의 사람들보다 수학적 능력이 훨씬 뛰어났는데도 직업 수학자들에게 인정받지 못했습니다(이건 솔직히 '평균 수준'의 사람에게 무척 화나는 일이죠). 아인슈타인과 동시대를 살아간 수학자 다비트 힐베르트(David Hilbert)는 이렇게 썼습니

다. "괴팅겐 대학가를 지나가는 그 누구든 아인슈타인보다 4차원 기하학을 더 잘 이해하고 있었다. 그럼에도 불구하고, (일반상대성) 연구를 해낸 사람은 수학자가 아니라 아인슈타인이었다." 이 말은 아인슈타인의 직관적 천재성에 대한 아름다운 찬사입니다.

아인슈타인의 이론을 비방한 사람도 있었습니다. 비방은 가끔 아주 격렬했죠. 이런 사람들 중에서, 컬럼비아대학교 교수인 찰스 레인 푸어(Charles Lane Poor)는 상대성이 순전히 "심리학적 사변"이며, 상대성이론을 분석하면서 마치 "앨리스와 함께 이상한 나라를 산책하며 미친 모자 장수와 차를 마시는" 기분이었다고 적었습니다. 또 과학자 조지 프랜시스 질레트(George Francis Gillette)는 상대성이 "저능아의 두뇌"에서 나온 거라고 보았죠. 물리학자 미치오 카쿠(Michio Kaku)는 이들이 큰코다쳤다고 비꼬며 《아인슈타인의 우주(Einstein's Cosmos)》에 이렇게 썼습니다. "역사가들이 아직도 이 사람들을 기억하는 유일한 이유는 그들이 상대성이론을 비난하느라 쓸데없는 장광설을 늘어놓았기 때문이다."

불행히도, 아인슈타인은 점점 더 많은 찬사를 받으며 동시에 파시즘을 내세운 사람들에게서 훨씬 더 교활하고 위험한 증오를 받았습니다. 1920년대 초 독일에서는 반유대인 움직임이 과학계의 반발과 뒤얽혔죠. 아인슈타인은 생명의 위협을 느끼고 1930년대 초반에 미국으로 망명했습니다.

오늘날까지도 우리는 아인슈타인의 놀라운 직관에 계속 감탄하고 있습니다. 1916년에 그는 중력파의 존재를 예언했지요. 일반상대성이론에 따르면, 전자기파(가시광선, 라디오파, X선 등)가 전하를 띤 가속하는 입자에 의해 만들어지는 것과 마찬가지로, 중력파도 가속하는 질량을 띤 물체에 의해 생겨나 빛의 속도로 허공으로 퍼질 거라고 했지요. 이 중력파의 존재는… 2016년, 그러니까 아인슈타인이 예언한 지 딱 100년이 지나서 확인되었죠! 아인슈타인 자신이 '큰 실수'라고 생각한 것(정적 우주를 예견하는 우주상수)조차 오늘날에는 큰 실수가 아닌 듯 여겨집니다. 이 상수가 암흑에너지의 수수께끼를 부분적으로 설명해줄 수 있을지도 모른다고 보기 때문이죠.

GPS와 시공간의 휘어짐 (53쪽)

지구 주위를 도는 GPS 궤도 위성은 시공간의 휘어짐을 고려합니다. GPS 내비게이션 시스템에서 일반상대성이 고려되지 않는다면, 위치 오류는 하루에 약 10킬로미터씩 늘어날 겁니다!

1970년대에 GPS 위성이 설치되었을 때, 물리학자들은 이 프로젝트를 담당한 군인들에게 위성에 실린 시계가 지상의 시계보다 더 빨리 갈 거라고 말했죠. 상대성이론이 증명된 지 이미 반세기가 지난 때였지만 군인들은 물리학자들의 말을 믿기 힘들어했고, 이를 확인하려고 두 시스템을 시험했죠. 한 시스템은 시간 속도 차이를 고려해 교정했고, 다른 시스템은 교정하지 않았습니다. 물리학자 카를로 로벨리는 장난스럽게 이렇게 묻지요. "무슨 일이 일어났을 거 같아요?"

원자, 표 (63쪽)

모든 원자는 멘델레예프(Mendeleïev)의 주기율표에 나와 있습니다. 멘델레예프는 원소를 원자번호, 즉 핵에 들어 있는 양성자의 개수에 따라 분류했죠. 이 원자번호가 화학적 특성을 결정짓습니다.

원자 92개는 자연 상태로 존재합니다. 나머지 26개는 제네바 세른(CERN; 유럽입자물리연구소)에 있는 것과 같은 입자가속기로 인간이 만들어냈죠. 가령 원소 113은 비스무트(Bi)

에 아연(Zn)을 쏘아서 만듭니다. 각각 83과 30인 이 두 원자의 양성자 개수를 합해 원소 113, 니호늄이 만들어졌지요. '초우라늄' 원소[원자번호가 우라늄(U)의 92보다 큰 원소]는 길어야 몇 분, 짧으면 몇 밀리초(1천분의 1초—옮긴이) 만에 대부분 분해됩니다. 초우라늄 원소들에 든 양성자와 중성자 비율은 최적이 아니라서 원자가 깨지고, 그래서 이들이 '불안정'하다고 간주되죠.

플랑크 상수 (78쪽)

1900년에 독일 과학자 막스 플랑크(Max Planck)는 에너지 전달이 고전 역학 법칙에서 예측한 것처럼 연속적으로 이루어지지 않고, 불연속적인 방식으로(다발로, 양자로) 이루어진다는 사실을 발견했습니다.

하지만 양자는 엄연히 존재합니다. 양자 도약을 발견한 닐스 보어(Neils Bohr)는 막스 플랑크의 선구적 연구를 원자에 적용했습니다. 그는 이 상수 h를 이용해서 전자의 운동 모멘트(정확한 이미지는 아니지만, 전자가 핵 주위를 '회전'하는 것)는 $h/2\pi$의 정수배임을 증명했지요. 이 $h/2\pi$라는 수가 양자역학에서 너무 자주 등장하는 나머지 여기에 특별한 기호를 붙이기에 이르렀죠. 이 기호는 ℏ라고 쓰고, 환산 플랑크 상수 '에이치바(hbar)'라고 부릅니다.

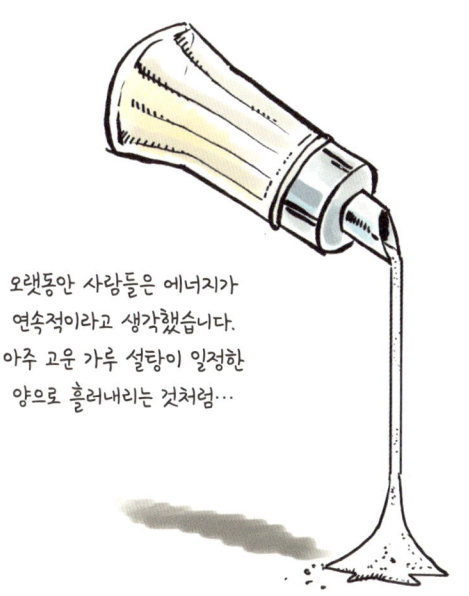

오랫동안 사람들은 에너지가 연속적이라고 생각했습니다. 아주 고운 가루 설탕이 일정한 양으로 흘러내리는 것처럼…

…막스 플랑크는 에너지 전송이 실제로는 작은 '덩어리'인 양자들로 이루어짐을 증명했죠. 플랑크 상수 h는 하나의 덩어리, 즉 하나의 양자에 해당합니다.

막스 플랑크는 f 주파수 진동자가 가질 수 있는 최소 에너지양 E를 기술하려고 상수 h, 즉 작용 양자를 도입했죠. $E = hf$라는 공식은 에너지양이 그보다 더 내려갈 수 없는 일종의 에너지 '픽셀'입니다. 애초에 막스 플랑크는 자신이 이론적으로 무한으로 나아가는 복사(radiation) 문제를 해결할 단순한 수학적 방법을 고안했을 뿐이라고 생각했지요.

모든 경로의 합 (93쪽)

미국 물리학자 리처드 파인만은 양자 확률이 '모든 경로의 합'(경로합: 'sum-over-paths' 또는 'sum-over-histories')과 같다고 했습니다. 하나의 입자(가령 전자)는 무수히 많은 가능한 경로로 움직이고, 각 경로는 그 경로와 연관된 일정한 확률을 지닙니다. 파인만은 이 모든 확률을 더해서 일종의 평균, 확률 진폭을 만들 수 있다고 생각했습니다.

가령 A 지점에서 B 지점으로 가는 입자 하나를 상상해보죠. 이 입자는 가능한 '모든' 경로를 거칠 겁니다. 이 무한히 많은 경로 중에는 안드로메다은하의 얼음 소행성 XRtz536 앞을 지나는 경로가 있고, 또 타보르니오레뮐 마을, 하와이의 어느 해변, 즈그목스 행성, 뒤마르탱 가족의 집 지하실에서 벌어지는 록 콘서트를 가로지르는 경로가 있습니다. 모든 경로 가능성에 수를 하나씩 부여한 다음, 무한대로 뻗어가는 계산 결과가 나오지 않도록 여기에 수학적 장치인 계산의 허수 단위를 붙입니다. 이 허수 단위는 나중에 제거할 겁니다. 바로 이렇게 하는 거죠! 실제로는 이보다 훨씬 복잡하지만 원리는 이렇습니다.

전자는 '실제로' 모든 경로를 지나갈까요? 물리학자들도 전혀 모릅니다. 어쨌거나 이 방법은 제대로 기능합니다. 파인만과 이렇게 구한 평균 덕분에 물리학자들은 어떤 입자를 어느 특정 장소에서 찾아낼 확률을 정확히 예측할 수 있지요.

양자 의식 (95~96쪽)

양자 파동을 사라지게 하려면 '의식적인' 관찰자가 필요할까요? 과학자 대부분은 분명히 아니라고 답합니다. 하지만 일부 과학자는 의식의 문제가 너무 빨리 뒷전으로 밀려났다고 생각하죠.

노벨물리학상 수상자 유진 위그너(Eugene Wigner)는, 양자 물리학이 대두하면서 "의식을 염두에 두지 않고서 완전히 확고한 방식으로 양자역학 법칙을 기술하는 것은 불가능"하다고 평가했습니다. 프랑스 물리학자이자 철학자인 베르나르 데스파냐(Bernard d'Espagnat)는 '가려진 실재'에 관한 개념을 제시했죠. 그는 "세상이 인간의 의식과 독립적으로 존재하는 물체로 이루어져 있다는 학설은 양자역학 및 실험으로 입증된 사실들과 상충한다"라고 썼습니다. 한편, 영국 수학자 로저 펜로즈는 미국 학자 스튜어트 하메로프(Stuart Hameroff)와 함께, 신경세포를 비롯한 우리 몸의 세포에 있는 미세한 단백질 관인 미세소관 수준에서 일어나는 양자 결맞음으로부터 의식이 생겨난다는 이론을 제시했습니다. 하지만 실험으로, 또는 그 어떤 다른 방법으로도 이 이론을 확인할 수는 없었죠. 따라서 의식이라는 문제는 미해결인 채로 남아 있습니다. 우리는 의식이 어디에서 오는지, 또 왜 생겨나는지 알지 못하죠. 기초적인 수준에서는 생명체와 비생명체 사이에 어떤 차이도 없습니다. 우리의 의식과 눈을 퍼내는 삽은 완벽하게 똑같은 소립자로 구성되어 있죠. 한 가지 분명한 사실은, 삽은 이 문제에 결코 답할 수 없을 거란 사실입니다. 어쩌면 우리 인간은 답할 수 있을지도 모르죠.

슈뢰딩거의 고양이 (96~98쪽)

오스트리아의 물리학자 에르빈 슈뢰딩거(Erwin Schrödinger)는 1935년에, 열리는 순간에 고양이가 죽을 수도 있는 장치가 달린 상자에 고양이를 가둬두는 실험을 고안했습니다. 상자가 열리기 전에 고양이는 잠재적으로 살아 있으면서 죽어 있죠. 슈뢰딩거의 생각은, 양자 실험에서 드러난 명백한 모순에 대한 답이었습니다.

이 책의 96~98쪽에서 언급한 (상자를 이용한) 실험은 미국 물리학자 브루스 로젠블룸(Bruce Rosenblum)과 프레드 커트너(Fred Kuttner)가 기술한 변형된 버전의 실험으로, 이들은 이렇게 말했죠. "원자는 2개의 슬릿을 통과해 감지 스크린으로 날아가기보다는 여기에 가만히 앉아서 우리가 자기를 가지고 무얼 할지 기다린다고 볼 수 있다." 이 기다리는 시간은 얼마든지 길어도 좋으니 가령 8시간이라고 하지요. 상자를 열었을 때 고양이가 죽어 있다면, 부검 수의사는 고양이가 8시간 전에 죽었다고 말할 겁니다. 이상한 건, 고양이를 죽이는 장치는 8시간 전이 아니라 상자가 열리는 순간 작동했다는 겁니다. 단, 슈뢰딩거의 고양이 실험은 순전히 이론적이라는 사실을 명확히 해둡시다. 이 실험을 실제로 하려면, 양자 결맞음을 유지해야, 즉 파동 체계가 무너지지 않도록 해야 할 겁니다 (다음 글 참조). 이렇게 하려면 계 전체와 고양이는 입자 하나도 어지럽혀지지 않도록 세상에서 격리되어야 합니다. 그런데 이런 건 아무도 (아직은?) 못 하죠.

결잃음 (100쪽)

결맞음(coherence)은 양자 입자가 파동의 특성을 지녔다는 생각에 관한 것입니다. 파동성을 띤 어떤 물체가 2개로 나뉘면, 거기에서 생긴 두 파동이 '결이 맞는' 방식으로 간섭해서 하나의 중첩 상태를 이룹니다.

이와 반대되는 말인 **결잃음**(decoherence)은 이 파동이 미소한 세계에서 사라짐을 뜻합니다. '관찰된' 확률 파동은 사라지고, 입자가 취하는 단 하나의 가능성만 실현되죠.

결잃음은 물리학자 세르주 아로슈(Serge Haroche)와 그 팀이 증명했습니다. 이들은 2007년에 파리고등사범학교 실험실에서 이 현상을 재현하는 데 성공했습니다. 이 실험으로 양자계의 입자를 측정하는 행위가 어떻게 양자계를 교란하는지 보여주었죠. 에티엔 클렝(Étienne Klein)은 《양자 세계로 떠나는 작은 여행(Petit voyage dans le monde des quanta)》에 "이 입자들의 양자 상태에 대한 정보 조각들이 계속해서 주변 환경으로 달아나는 것처럼 보인다. 이 환경은 한마디로 끊임없이 계를 측정하는 관찰자처럼 반응하면서, 미소 수준에서 모든 중첩을 제거하고 따라서 간섭도 제거한다. 그래서 확실히 결잃음이 생긴다"라고 썼습니다.

역의 인과성 (107쪽)

분명히 말하면, 과학에서 '역의 인과성'은 욕설에 가깝습니다. 우리 현실은 고정 불변하는 원칙인 인과성에 근거하고 있죠. 먼저 원인이 있고, 그다음에 이 원인으로 생긴 결과가 옵니다. 결코 그 반대는 아니며, 모든 것에는 시간이 흐르는 방향이 있지요. 아인슈타인의 상대성 원리가 말하는 것은 바로, 항상 원인이 결과를 결정한다는 거지요. 그런데 지연된 선택 양자 실험 얽힘 현상에서는 시간을 거스르는 역의 인과성이 생기는 것처럼, 결과가 원인보다 앞서는 듯 보입니다. 이건 복권을 사지도 않았는데 당첨되는 것과 같을 겁니다. 또는 어느 오스트랄로피테쿠스인이 페이스북 계정을 가지고 있다는 사실을 발견하는 것과 같겠죠. 한마디로 우리 현실을 이루는 질서의 기초 자체를 의심하는 일일 겁니다.

양자 실험에서 명백하게 드러나는 이 역의 인과성을 어떻게 설명해야 할까요? 해답은 '소통(communication)' 개념에 있을 겁니다. 어쨌거나 이것이 현재 과학이 내놓은 답입니다. 설명해보죠. 인과성 원칙을 깨려면 빛보다 더 빠르게 '소통해야 할 테고, 여기에서 소통은 곧 정보 전송을 뜻합니다. 그런데 이중 슬릿 실험에서 입자는 관찰되지 않는 한 실재하거나 모습을 드러내지 않습니다. 따라서 그 어떤 정보도 입자에게 과거로 거슬러 보내지지 않은 것이지요. 입자는 그 순간 공간에 실제로 존재하지 않고 그저 확률 상태로 있었으니까요. 따라서 이것은 역의 인과성을 닮았지만 사실 역의 인과성이 아니고, 인과성 원칙은 깨지지 않은 겁니다.

하지만 이 문제에 대해서도 모두의 의견이 일치하는 건 아닙니다. 어떤 물리학자는 원인이 결과에 앞설 '수 있다'고 보지요. 베르나르 데스파냐나 올리비에 코스타 드 보르가르(Olivier Costa de Beauregard)가 그 대표적인 인물로, 후자는 입자가 과거로 신호를 보낼 수 있다고 봅니다. '역행 인과'가 '비국소성' 아이디어를 대체한다는 거죠(얽힘을 다룬 8장 참조). 코스타 드 보르가르의 생각은 리처드 파인만이 만든 양자전기역학 계산법과 비슷합니다. 이 계산에서는 양전자(음이 아닌 양의 전하를 띤 전자) 같은 반물질 입자가 시간의 흐름을 거스른다고 간주하지요. 하지만 현재까지 코스타 드 보르가르의 이론은 크게 인정받지 못하고 있습니다.

끝으로, 역의 인과성에 관하여 현재 순간밖에 모르는 광자의 특별한 경우를 언급하지요. 광자가 빛의 속도로 움직이기 때문에 시간은 광자한테 영향을 끼치지 못하고, 따라서 과거도 미래도 없지요!

에휴, 바로 이런 거죠…

역의 인과성은 양자물리학의 '캐나다 드라이'라고 할 수 있습니다. 시간 도약의 색깔을 띠고, 이름도 시간 도약처럼 들리지만… 실제로 시간에서 도약하는 건 아니니까요.

유령의 원거리 작용 (123쪽)

아인슈타인은 두 입자를 원거리로 연결한다는 이른바 유령의 작용에 대해 듣고 숨이 턱 막혔습니다. 그는 닐스 보어의 주장을 부두교의 주술이라며 빈정거렸죠. 닐스 보어는 코펜하겐 해석을 옹호했는데, 이 해석은 측정하기 전, 즉 관찰하기 전에 입자는 위치가 없고 심지어 존재하지도 않는다고 주장하죠! 아인슈타인은 이 해석이 너무나 터무니없다고 생각한 나머지, 1935년에 조수 보리스 포돌스키(Boris Podolsky)와 네이선 로젠(Nathan Rosen)의 보조를 받아서 공격에 나섰고 이는 큰 반향을 일으켰습니다. 이 반박은 (아인슈타인, 포돌스키, 로젠의 머리글자를 따서) EPR 역설이라고 불리는데, 입자가 어떤 측정에서도 독립적이며 현실에서 물질로서 존재한다고 가정했을 때, 코펜하겐 해석의 모순점을 증명한 것입니다.

이 역설은, 당시에는 주목받지 못해서 아직 이름도 붙지 않은 현상을 건드렸지요. 바로 '얽힘'입니다. 얽힘으로 입자는 빛보다 더 빨리 서로에게 영향을 미치는 것처럼 보입니다. 그런데 이건 정상적으론 불가능하죠!

EPR 삼총사는 이 역설을 자기주장의 축으로 삼아서, 입자는 애초부터 존재하는 특성을 '반드시' 지녔다고 했지요. 만지트 쿠마르(Manjit Kumar)는 《양자혁명》에서 "EPR 공격은 푸른 하늘에서 나사못이 떨어지듯 뚝 떨어졌다. 이것이 닐스 보어에게 끼친 영향은 대단했다"라고 썼습니다. 보어는 다른 모든 연구를 그만두고 아인슈타인이 시작한 EPR 공격을 반박하는 데 몰두했습니다. 두 사람은 뒤이은 20여 년을 자기 관점을 옹호하는 데 보냈죠. 그리고 이 '유령의 작용'에 대한 진실을 알지 못한 채 세상을 뜹니다. 훗날, 존 벨(John Bell)과 그의 정리 덕분에 과학계는 닐스 보어가 옳았다는 사실을 알게 됩니다. 즉, 입자는 애초에 존재하는 특성 없이 원거리로 연결되어 있습니다. 아이러니는, 그때까지 알려지지 않았고 아인슈타인이 EPR 역설을 옹호하려고 내세운 주요 논거인 이 얽힘 현상이… 역설적이게도 아인슈타인에게 불리하게 이용됐다는 사실이죠.

아인슈타인은 입자들을 서로 연결해주는 이른바 '유령의 원거리 작용'에 맞서 평생 싸웠습니다.

암호와 양자전송 (127쪽)

양자암호는 얽힘 원리를 이용해서 완벽하게 안전한 방식으로 메시지를 전송하게 해줍니다. 실제 적용법은 '암호화' 기법이라기보다는 '양자 암호키 분배', 즉 광섬유를 따라 이동하는 광펄스 분배라고 하는 게 옳지요.

실험에 의한 얽힘을 개척한 니콜라스 지생(Nicolas Gisin)이 이끄는 제네바대학교 연구팀은 이 과정을 산업적 수준에서 사용할 수 있도록 한 최초의 연구팀 중 하나입니다. 양자암호 원리는 시각적 방식으로 설명할 수 있습니다. 통신이 테니스공에 얹혀서 전송되는 메시지라면, 침입자가 중간에 공을 붙들어 거기에 적힌 메시지를 읽기 쉽겠지요. 하지만 공 대신에 비눗방울(양자키 광펄스를 나타냄)을 사용하면 사정은 완전히 달라집니다. 가로채려고 하면 곧바로 방울이 터지죠(광자파를 교란해 제3자가 개입했음을 알림). 이러면 시스템에 침

범할 수 없습니다.

전송(teleportation) 역시 얽힘 원리를 이용한 것입니다. 양자전송에서는 물체(물질)를 전송하는 게 아니라 오직 양자 상태(물리적 상태)만 전송합니다. 니콜라스 지생은 《양자우연성》에서 "질량 없는 빛 입자인 광자에게 실체는 그 에너지다. 광자의 물리적 상태는 광자의 분극, 그리고 광자의 위치 구름과 잠재적인 진동수로 이루어져 있다"라고 말합니다.

니콜라스 지생은 양자전송을 이미지로 설명하기 위해서 광자를 점토로 만든 오리에 비유하죠. 가령 앨리스(A)는 이렇게 빚어진 오리를 갖고 있습니다. 앨리스는 이것을 밥(B)한테 전송하기로 마음먹죠. 밥한테는 애초에 형체 없는 점토(물질)가 있습니다.

만일 앨리스가 모양이 빚어진 오리를 밥의 점토로 전송하면, 오리를 이루었던 점토는 그 자리에 남지만 형체는 사라집니다. 즉, 형체 없는 점토만 남지요. 전송이 끝나면, 밥의 점토는 오리의 정확한 모습, 원자의 세세한 부분까지 똑같은 형태를 취합니다.

홀로그램 세계? (140쪽)

다른 전자기파들은 가시광선과 '단 한 가지' 점에서 다릅니다. 바로 파장의 길이죠. 라디오파는 파장의 길이가 1미터 이상입니다. X선의 파장 길이는 100만분의 몇 미터, 즉 우리 눈에 보이는 빛보다 조금 더 짧지요. 스티븐 호킹과 레오나르드 믈로디노프(Leonardo Mlodinow)는 《위대한 설계》에서 "우리 눈은 어떤 파장대가 사람 눈에 가장 흔하다는 이유로 바로 그 파장대에서 전자기 복사를 감지하도록 진화해왔을 가능성이 크다"라고 썼지요. 여러분이 읽고 있는 이 책에 나오는 인물 일베르를 에너지가 많은 X선이나 감마선으로 보면 옆의 그림과 같을 겁니다. 우리는 초신성에서 나오는 것 같은 강력한 에너지 구슬들도, 하늘에서 벌어지는 격렬한 활동도 볼 수 있을 테지요.

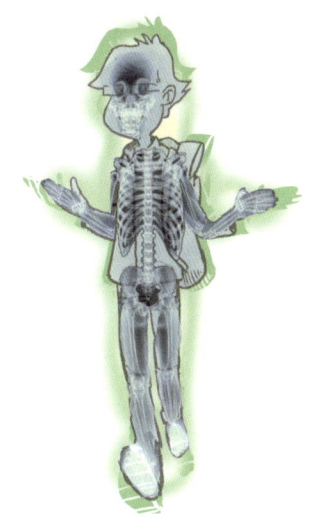

가시광선은 지구상의 위대한 마술사입니다. 가령 가시광선(무지개 광선)이 토마토에 부딪히면, 빨간색 광선이 흡수되지 않고 튕겨져 나옵니다. 토마토에게 이 광선은 불필요하지요. 이게 바로 토마토가 우리에게 빨갛게 보이는 유일한 이유입니다. 잎사귀에 부딪히는 초록색 광선도 마찬가지죠. 카를로 로벨리는 다음과 같이 적습니다. "우리가 '보는' 것은 오로지 전자기장뿐이다. 우리가 무언가를 쳐다볼 때, 우리가 직접 감지하는 것은 물체가 아니라, 그 물체와 우리 사이에서 생기는 전자기장의 진동, 물체가 반사하는 빛이다. 거울이나 영화관의 스크린, 홀로그램에서 보는 영상을 생각해보라. 이 세 가지 경우에, 여러분이 물체를 본다고 믿는 그곳에는 물체가 있는 게 아니라, 물체가 거기에 있다고 생각하게 만드는 빛만 있는 것이다. 그 효과는 마찬가지다."

물리학자 크리스토프 갈파르(Christophe Galfard)는 《우주, 시간, 그 너머》에서 이렇게 덧붙이죠. "전자와 양성자가 서로 바뀔 수 있다면, 우리는 토마토를 못 볼 것이고, 바로 우리 앞에 있는 사람도, 그 어떤 것도 볼 수 없을 것이다… 우리 신체는 감각을 이용해서 이 모든 이상한 상호작용을 두뇌가 처리하는 정보로 바꾼다."

양자생물학 (143쪽)

과학자들은 오래전부터 어떤 생물학적 현상은 양자적 과정을 통하지 않고는 설명할 수 없다고 생각해왔습니다. 에르빈 슈뢰딩거도 이미 1944년에 출간된 자신의 책 《생명이란 무엇인가》에서 이에 대해 암시했지요. 양자생물학이 크게 대두한 것은 이보다 훨씬 최근입니다. 오랫동안 절대영도에 가까운 진공상태에서만 이루어져온 양자 실험은, 현재 그 일부가 유기체가 사는 더운 환경 조건에서 양자 파동을 와해시키지 않고 이루어집니다.

결맞음과 양자중첩성은 광합성에도 기여한다고 여겨집니다 (133쪽 참조). 또 효소는 '터널효과', 즉 소리가 벽을 통과하듯 입자가 장벽을 지나가는 능력을 사용하는 듯 보이죠. 이 터널효과 덕분에 효소는 분자의 한 부분에서 다른 부분으로 전자나 양성자를 옮길 수 있다는 거지요. 한편, 얽힘은 '자기수용감각(magnetoreception)', 즉 유기체가 자기장을 감지하고 거기에 맞추어 방향을 잡는 능력과 관련이 있다고 봅니다. 울새가 지구의 자기장으로 방향을 잡듯 말이죠. 물리학자 짐 알칼릴리(Jim Al-Khalili)와 유전학자 존조 맥패든(Johnjoe McFadden)은 《생명, 경계에 서다》에서 이런 견해를 펼칩니다.
PAPETS(Photon-Assisted Processes for Energy Transfer and Sending) 유럽 프로젝트 조정관인 물리학자 야세르 오마르(Yasser Omar)는 2015년에 양자 효과가 "크고 습하고 시끄러운 계에서도 관찰되었다. 이건 놀랍고 흥분되는 일이다"라고 말했습니다. PAPETS의 임무는 생물학과 양자물리학의

울새는 지구의 자기장을 이용해서 방향을 찾아 날아갑니다.
그런데 어떻게 이렇게 하는 걸까요?
울새의 망막 분자 속에서 얽힌 전자들이 이 과정에 관여한다고
여겨지지만, 이 이론은 아직 확인되지 않았습니다.

경계 연구입니다. 한편, 과학자들은 계속해서 더 많은 입자들을 중첩하고 얽는 데 성공하고 있습니다. 이제는 단지 2개의 입자뿐 아니라, 수천 개, 심지어 수백만 개의 입자를 중첩하고 있지요. 거시 수준에서도 이렇게 하는 게 머지않은 듯 보입니다. 몇 년 전 영국 옥스퍼드대학교의 한 연구팀은 맨눈으로 볼 수 있는 다이아몬드 결정체 2개를 얽는 데 성공했습니다. 다이아

몬드 결정체 한 쌍이 양자 얽힘으로 연결된 것이죠. 이 결정체 중 하나에 생긴 진동은 둘 중 하나에서만 생겼다고 확정할 수 없었습니다. 결정체 2개가 모두 동시에 진동하거나 진동하지 않았지요.

거시 수준에서 이루어지는 얽힘과 중첩은 양자 연구의 주요 분야 중 하나입니다. 니콜라스 지생은 2013년에 "우리는 앞으로 수년 안에 점점 더 큰 물체를 얽을 수 있으리라 기대한다"라고 말했습니다. 그의 제네바대학교 연구팀은 2017년에 변이 1센티미터인 결정체 안에 있는 1천600만 개의 원자가 얽힘을 증명하는 데 성공해서 큰 진보를 이뤘지요.

초끈과 루프양자중력 (147쪽)

초끈이론의 주요 주창자는 브라이언 그린(Brian Greene)과 레너드 서스킨드(Leonard Susskind)입니다. 이 이론에 따르면, 10차원 공간과 '초대칭' 입자가 존재합니다. 각 보손(boson, 광자 같은 에너지 입자)은 숨어 있는 '초짝'인 페르미온(fermion, 전자 같은 물질 입자)을 하나씩 거느립니다. 초끈이론의 다른 여러 버전을 모두 합쳐 'M이론'(이 M이 어디에서 유래했는지는 아무도 모르는 것 같습니다)이라고 부르죠. M이론에서는 10^{500}개의 서로 다른 우주가 존재할 수 있다고 봅니다. 이 수를 우리 우주를 구성하는 입자의 수 10^{80}과 비교하면, 10의 500제곱이 얼마나 엄청난지 상상할 수 있지요! 초끈이론은 1990년대에 무척 인기를 끌었는데 지금은… 간당간당한 상태입니다. 이 가설은 아직 어떤 실험으로도 확인되지 않았습니다. 2012년에 힉스 보손(Higgs boson)이 발견되자 과학자들은 초대칭 입자 가설을 증명할 수 있을 거라 생각했지만 그러지 못했지요.

루프양자중력이론은 초끈이론의 가장 막강한 경쟁자입니다. 루프양자중력이론은, 우주의 네 가지 힘 중에서 아직도 양자 법칙에서 벗어나 있는 마지막 힘인 중력을 양자화하려고 시도합니다. 카를로 로벨리는 이렇게 썼습니다. "세상은 무엇으로 되어 있나? 대답은 간단히 다음과 같다. 입자는 양자장의 양자들이다. 빛은 어느 한 양자장의 양자들로 이루어져 있고, 공간도 하나의 양자장일 뿐이다. 시간은 이 같은 양자장에서 이루어지는 과정에서 생긴다. 달리 말하면, 세상 전체가 양자장이다." 로벨리는 미국 학자 리 스몰린(Lee Smolin)과 함께 루프양자중력이론을 만든 사람입니다. 공간은 무한히 작게 줄어들 수 없고, 그 이하로는 더 작아질 수 없는 최소 크기의 입자(일종의 픽셀)로 이루어져 있다는 겁니다. 로벨리는 루프양자중력으로 블랙홀 안의 시공간 곡률의 무한성을 제거할 수 있을 뿐 아니라, 재규격성(renormalization, 양자장론에서 무한대를 제거해 관측 가능한 양을 계산하는 방법) 또한 이루어진다고 보았죠.

루프양자중력이론은 존재하는 기본 물질에 집중해서 초끈이론보다 실용적이고자 합니다. 초끈이론의 공리 중 하나는 중력과 공간이 실제로는 단 하나의 같은 실체라고 규정하는 일반상대성이론에 곧바로 근거를 두지요(51쪽 참조). 가장 일반적인 해석은 중력이 존재하지 않는다고 간주하는 겁니다. 그러니까 움직이고 변형되는 것은 바로 공간이죠. 하지만 공간과 중력이 하나의 실체라면, 다르게 생각해볼 수도 있습니다. 중력이 존재하고 공간이 존재하지 않는다고 간주하는 거지요. 이 중력은 보다 정확히 말하면 광대한 양자중력장입니다. 그러면 공간은 무정형의 수동적인 공간이 아니라, 일반상대성의 성질을 띤 공간, '전자기장과 비슷한 성질'을 띠는 '그 안에 든 물체와 상호작용하는 역동적인 실체'라고 로벨리는 말하죠. 초끈이론보다 더 최근에 만들어진 루프양자중력이론 역시 이론적 접근법을 확인해줄 증거를 열심히 찾는 중입니다.

감사의 말

이 책을 쓰는 3년 동안 신경세포를 자극하며 즐거운 시간을 보냈습니다. 특히 클로드알랭 피예에게 깊은 감사를 전합니다. 피예는 책을 쓰는 데 필요한 과학 전문지식을 제공해 나를 든든히 지지해주었습니다. 피예의 도움이 없었다면 이 책은 결코 세상에 나오지 못했을 겁니다. 항상 곁에 있으면서 도움을 준 나의 태양 아리안에게 부드러운 키스를 무수히 보냅니다. 처음부터 이 책을 쓰는 계획에 열광해주었던 나의 딸 발랑틴에게도요. 제프, 카를로 로벨리, 니콜라스 지생, 다비드 뤼엘, 자크 뒤보셰에게도 소중한 메시지를 보내준 데 감사합니다.

마르크 프랑세와 파스칼 뷔세가 책에 나오는 인물 막스와 뷔뷔스를 만들도록 영감을 준 데 고마움을 전합니다. 프리부르에 있는 서점 라 뷜의 파스칼 시페르, 그리고 에릭 위메르, 야닉 데자르댕, 휴 바커, 나탈리 뒤크에게도 시간을 내어 나를 도와준 데 감사합니다. 여러 조언을 해주고 도움을 준 로랑스 보르드나브, 안카트린 바레, 르네 마카베, 로랑 데퐁, 세바스티앵 드보, 제니 트렁크, 파트리크 팽샤르에게도 감사를 표합니다. 가우스곡선의 도사인 나의 형제 올리비에와, 내가 머리를 식히고 생각을 전환하도록 우정 어린 지지를 보내준 아지뮈트 공연팀 모두에게도 고마움을 전합니다. 나의 가족, 그리고 여기에 이름을 적지는 않지만 내가 도움을 요청하고 귀찮게 했으며 이 책이 만들어지기까지 이바지해준 분들, 모두 고맙습니다.

참고문헌

번역서

J. P. 메키보이, 이충호 옮김, 《양자론》, 김영사, 2001.

니콜라스 지생, 이해웅 외 옮김, 《양자우연성》, 승산, 2015.

다비드 뤼엘, 안창림 옮김, 《우연과 혼돈》, 이화여자대학교출판문화원, 2000.

디팩 초프라, 레오나르드 믈로디노프, 류운 옮김, 《세계관의 전쟁》, 문학동네, 2103.

로렌스 크라우스, 박병철 옮김, 《무로부터의 우주》, 승산, 2013.

로저 펜로즈, 노태복 옮김, 《마음의 그림자》, 승산, 2014.

리처드 파인만, 박병철 옮김, 《파인만의 여섯 가지 물리 이야기》, 승산, 2003.

만지트 쿠마르, 이덕환 옮김, 《양자혁명》, 까치, 2014.

맥스 테그마크, 김낙우 옮김, 《맥스 테그마크의 유니버스》, 동아시아, 2017.

미치오 카쿠, 고중숙 옮김, 《아인슈타인의 우주》, 승산, 2007.

브라이언 그린, 박병철 옮김, 《멀티 유니버스》, 김영사, 2012.

브라이언 그린, 박병철 옮김, 《우주의 구조》, 승산, 2005.

브라이언 콕스, 제프 퍼쇼, 이민경 옮김, 《E=mc² 이야기》, 21세기북스, 2011.

브라이언 콕스, 제프 포셔, 박병철 옮김, 《퀀텀 유니버스》, 승산, 2014.

브루스 로젠블룸, 프레드 커트너, 전대호 옮김, 《양자 불가사의》, 지양사, 2012.

빌 브라이슨, 이덕환 옮김, 《거의 모든 것의 역사》, 까치, 2003.

스티븐 호킹, 김동광 옮김, 《시간의 역사》, 까치, 1998.

스티븐 호킹, 레오나르드 믈로디노프, 전대호 옮김, 《위대한 설계》, 까치, 2010.

앨런 와이즈먼, 이한중 옮김, 《인간 없는 세상》, 랜덤하우스코리아, 2007.

에티엔 클랭, 박태신 옮김, 《물질의 비밀》, 황소걸음, 2018.

존 D. 배로, 전대호 옮김, 《무한으로 가는 안내서》, 해나무, 2011.

짐 알칼릴리, 존조 맥패든, 김정은 옮김, 《생명, 경계에 서다》, 글항아리사이언스, 2017.

카를로 로벨리, 김정훈 옮김, 《보이는 세상은 실재가 아니다》, 쌤앤파커스, 2018.

카를로 로벨리, 김현주 옮김, 《모든 순간의 물리학》, 쌤앤파커스, 2016.

카를로 로벨리, 이중원 옮김, 《시간은 흐르지 않는다》, 쌤앤파커스, 2019.

크리스토프 갈파르, 김승욱 옮김, 《우주, 시간, 그 너머》, 알에이치코리아, 2017.

크리스토프 갈파르, 송근아 옮김, 《내 생애 한 번은 상대성이론 이해하기》, 인간희극, 2018.

외서

Bernard D'espagnat, *À la recherche du réel*, Dunod, 2015.

Brian Clegg, *The God Effect*, St-Martin's Griffin, 2009.

Carlo Rovelli, *Et si le temps n'existait pas?*, Dunod, 2014.

Dan Falk, *In Search of Time*, McClelland & Stewart Ltd, 2008.

Dan Falk, *Universe on a T-Shirt*, Arcade Publishing, 2003.

David Ruelle, *L'Étrange Beauté des mathématiques*, Odile Jacob, 2008.

Étienne Klein, *Discours sur l'origine de l'univers*, Flammarion, 2010.

Étienne Klein, *Le facteur temps ne sonne jamais deux fois*, Flammarion, 2007.

Étienne Klein, *Petit voyage dans le monde des quantas*, Flammarion, 2004.

Guy Louis-Gavet, *La Physique quantique*, Eyrolles, 2012.

Hubert Reeves, *Les Secrets de l'univers*, Robert Laffont, 2016.

Hubert Reeves, *Poussières d'étoiles*, Seuil, 1984.

John D. Barrow, *The Book of Universes*, W. W. Norton, 2011.

John Gribbin, *Quantum Physics*, DK, 2002.

Lauwrence M. Krauss, *The Greatest Story Ever Told So Far*, Simon & Schuster, 2017.

Massimo Teodorani, *Entanglement*, Macroéditions, 2016.

Robert Lanza, Bob Berman, *Beyond Biocentrism*, BenBella Books Inc, 2016.

Robert Mangabeira Unger, Lee Smolin, *The Singular Universe and the Reality of Time*, Cambridge University Press, 2015.

Roland Lehoucq, *SF*, Le Pommier, 2007.

Sven Ortoli, Jean-Pierre Pharabod, *Le Cantique des quantiques*, La Découverte, 1984.

Sven Ortoli, Jean-Pierre Pharabod, *Métaphysique quantique, Les nouveaux mystères de l'espace et du temps*, La Découverte, 2011.

Thibault Damour, Mathieu Burniat, *Le mystère du monde quantique*, Dargaud, 2016.

Walter Isaacson, *Einstein*, Simon & Schuster, 2007.

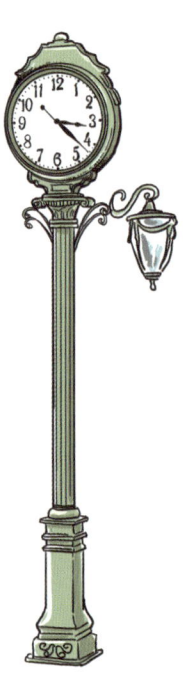